Norbert Griebl

Kletterpflanzen und Bodendecker

Haupt
NATUR

Norbert Griebl

Kletterpflanzen und Bodendecker

Die besten Arten – klimafit und wetterfest

Haupt Verlag

Inhalt

Einführung

Gärten unterlagen im Laufe der letzten Jahrhunderte unterschiedlichen Moderichtungen. Während zu manchen Zeiten möglichst viele exotische Pflanzen das Maß aller Dinge darstellten, wechselte diese Einstellung mit dem Aufkommen der Naturgärten, und in den 1970er-Jahren standen die Koniferen und der Englische Rasen ganz oben auf der Wunschliste. Von diesem Trend haben sich die Gärten bis heute nicht vollkommen erholt. Immergrüne Gehölze, verschnitten zu Spiralen, und Rasen, in dem kein einziges Gänseblümchen sein Dasein fristen darf, sind in manchen Gärten nach wie vor das Ideal der Grünflächeneigner. Zeitgemäß ist das nicht, denn das Schwinden der Artenvielfalt, beispielsweise unter Schmetterlingen und Wildbienen, ist offensichtlich. Gärten arten- und blütenreich zu machen, Fassaden und Dächer zu begrünen, naturnahen Rasen statt Sportplatzrasen zu gestalten – das sollte das Ziel der gegenwärtigen Gartenkultur sein und ist es teilweise auch schon. Aus diesem Grund finden sie in diesem Buch nur Pflanzenarten, die ökologisch wertvoll sind. Auch weniger bekannte, rundum wertvolle Spezies werden hier vorgestellt. Einen Chinesischen Bodendeckerwacholder *(Juniperus chinensis)* werden sie hingegen vergebens suchen, weil er außer für den Birnengitterrost ökologisch unbedeutend ist. Auf Arten, die das Potenzial haben, in Mitteleuropa invasiv zu werden, wurde in diesem Buch verzichtet. So findet sich beispielsweise die Lorbeer-Kirsche *(Prunus laurocerasus)* nicht im Buch, die in der Schweiz lokal bereits den Unterwuchs von Wäldern dominiert, und auch das Henry-Geißblatt (*Lonicera acuminata*, Syn.: *Lonicera henryi*) fehlt, das gleichermaßen leicht überhandnehmen kann.

Flachdächer sind optimale Standorte für Bodendecker.

Artenreiche, bunte Gärten sind vielseitig, spannend, lebendig und für mehr und mehr Menschen einfach schön. Sie laden zum Verweilen ein, brauchen weniger Pflege und schenken doch viel mehr Freude. Kletterpflanzen und Bodendecker bringen selten gewordene Insekten in den Garten und laden Vögel zum Nisten ein. Jeder Untermieter, der darin eine Bleibe findet, bezahlt mit der Freude, die er in unser Herz bringt. Wildbienen, Hummeln und Schmetterlinge profitieren vom Nahrungsangebot. Besonders wertvoll sind Pflanzenarten, die im zeitigen Frühjahr oder im späten Sommer blühen, wenn das Nahrungsangebot gering ist.

Wenn Sie sich dazu entschlossen haben, Bodendecker und/oder Kletterpflanzen zu setzen, sollten Sie sich über die Auswahl der Arten Gedanken machen – egal, ob Sie die Pflanzen selbst setzen oder ob Sie den Landschaftsgärtner zu Hilfe holen. Aus eigener Erfahrung weiß ich, dass der Landschaftsgärtner meistens bestimmte Favoriten hat, die er gerne beim Kunden pflanzt, weil sie sich als gut erwiesen haben. Es sind aber oft die Lieblinge des Gärtners und nicht unbedingt Ihre Lieblinge. Daher soll Ihnen das Buch helfen, die richtige Auswahl zu treffen.

Beim **Pflanzenkauf** ist zunächst auf den Wurzelballen zu achten. Dieser sollte stark verwurzelt sein und reichlich Faserwurzeln zeigen. Pflanzen, die in der Anzucht viel gedüngt und gewässert wurden, um schnell etwas darzustellen, sind zwar oberirdisch gut entwickelt, haben aber oft ein unterentwickeltes Wurzelwerk und können es so nach dem Umpflanzen schwer haben, genügend Wasser aufzunehmen. Demgegenüber sind Container, die fast vollständig mit Wurzeln ausgefüllt sind, kein schlechtes Zeichen. Solche Pflanzen sind lediglich überständig, sozusagen Ladenhüter, die, aus dem Topf ausgepflanzt, regelrecht explodieren können. Außerdem hat man eine gute Tat getan, auch solchen Pflanzen eine Chance zu geben, die keiner will. Bei überständigen Pflanzen müssen die Wurzeln angeschnitten oder sanft mit den Händen angerissen werden, damit die Pflanze merkt, dass sie in Freiheit ist und Fahrt aufnehmen kann. Wird dies nicht gemacht, kann es passieren, dass die Pflanze weiter dahinvegetiert, weil sie nach wie vor glaubt, im kleinen Topf zu sein.

Am besten kaufen Sie Gartenpflanzen in der regionalen Gärtnerei oder Baumschule. Idealerweise wurden die Pflanzen dort auch angezogen und sind dadurch mit den örtlichen klimatischen Bedingungen vertraut.

Zum **Pflanzen** sollten Sie sich Zeit nehmen. Es ist eine schöne Arbeit, die etwas Neues entstehen lässt und die durch die Verbindung mit Mutter Erde fast etwas Meditatives in sich hat. Dabei ist es wichtig, den Boden entsprechend vorzubereiten. Er sollte krümelig und locker sein. Sind zuvor schwere Baumaschinen auf den Flächen unterwegs gewesen, muss die Erde mechanisch gelockert und mit Sand oder Kies luftiger gemacht werden. Auch bei schweren Lehmböden ist das Einarbeiten von Sand ratsam. Wenn es sich bei der zu bepflanzenden Fläche um Rasen handelt, muss die Grasnarbe zuvor gänzlich entfernt werden. War die Fläche zuvor ein „Englischer Rasen", der mit Unkrautmitteln gegen zweikeimblättrige Pflanzen behandelt wurde, sollte dem Boden eine zumindest einjährige Ruhepause gegönnt werden. Muss Erde zugekauft werden, sollten Sie sich vergewissern, dass es nicht Erdreich von einem konventionell bewirtschafteten Maisacker oder Ähnlichem ist, da diese mehrmals im Jahr mit Herbiziden gegen zweikeimblättrige Unkräuter behandelt werden und diese Mittel dann das Anwachsen der ebenfalls meist zweikeimblättrigen Bodendecker verhindern. Sobald Sie alle diese Punkte berücksichtigt haben, beginnt der vergnügliche Teil der Arbeit.

Nach der sorgfältigen Vorbereitung der Pflanzfläche werden die Pflanzen im richtigen Abstand aufgelegt. Im Buch ist eine relativ dichte Pflanzenanzahl vorgeschlagen, damit die Fläche schnell zuwächst. Es wird bei den Bodendeckern von 9-cm-Töpfen und bei Kletterpflanzen von 1,5-Liter-Töpfen ausgegangen, also relativ kleinen Pflanzen. Sie können diese Anzahl je Quadrat- oder Laufmeter verringern, wenn es nicht so eilig oder aus Kostengründen nicht möglich ist. Sollten Sie größere Pflanzen kaufen, verringert sich die Zahl je Quadrat- bzw. Laufmeter entsprechend.

Nur sorgfältig behandelte Pflanzen entwickeln sich zu dem, was wir uns vorstellen. Das Pflanzloch sollte zumindest dreimal, besser noch fünfmal so groß sein wie der Wurzelballen. Gefüllt wird es mit einem Gemisch aus ausgehobener Muttererde und qualitativ hochwertiger Pflanzerde oder reifem Kompost. Die Erde um den Wurzelballen wird mit der Hand sanft verdichtet, nicht mit dem Fuß, weil hier zu viel Kraft ausgeübt werden kann, wodurch die wertvollen Faserwurzeln zerstört und die Lufthohlräume verringert werden könnten. Nach dem Pflanzen die Erde rund um den Wurzelballen gut einschlämmen und die entstandene Grube mit weiterer Erde auffüllen. Bei Pflanzen mit hohem Nährstoffbedarf sollte Langzeitdünger, etwa in Form von Hornspänen, beigegeben werden. Bodendecker werden gerade, also aufrecht gesetzt, Kletterpflanzen schräg zur Oberfläche, die sie später beranken sollen.

Herbst-Astern als farbenfrohe Bodendecker

Können Kletterpflanzen nicht in den Mutterboden gesetzt werden, etwa weil eine Drainageschicht um das Haus eingearbeitet wurde, sind Pflanzkübel und Tröge eine Lösung. Je größer diese Behältnisse sind, desto besser für die Pflanze. Die unteren Zentimeter sind der Drainage vorbehalten, die verhindert, dass Staunässe entsteht. Dazu legt man über den Boden des Trogs ein Stück Vlies, darüber eine etwa 5 cm starke Schicht Blähton, groben Kies oder anderes mineralisches Schüttgut, darüber wieder eine Vliesschicht und zuletzt qualitativ hochwertige Pflanzerde. Je dickwandiger die Gefäße sind, desto besser ist der Wurzelballen im Sommer vor zu viel Hitze und im Winter vor Kälte geschützt. Ein Platz im Schatten ist ideal, aus dem die Kletterpflanze dann zur Sonne wachsen kann. Eine Vorpflanzung des Kletterpflanzenfußes ist bei den meisten Arten von Vorteil. Viele Pflanzen wachsen wild in Steppen und sind es gewohnt, dass ihr Fuß kühl und der Kopf warm ist.

Mulchen der Pflanzflächen ist ein probates Mittel, um die Feuchtigkeit im Boden zu halten, vor großer Hitze und Kälte zu schützen und Unkrautbewuchs zu verringern. Als Mulchmaterial empfehlen sich organische Materialien wie Gartenfaser, Hanfmulch oder Laub. Dem Gartenliebhaber steht heute eine große Palette an Mulch-Möglichkeiten zur Verfügung. Grober, nicht trockener Rindenmulch hat den Nachteil, dass er dem Boden Stickstoff entzieht und so hemmend auf das Pflanzenwachstum wirken kann, mineralischer Mulch wie Kies ist aus ökologischer Sicht wenig wertvoll. Die Mulchschicht sollte 3–6 cm stark sein und gleichmäßig verteilt werden. Bei Verwendung eines Unkrautvlieses zwischen Mutterboden und Mulchschicht wird die Pflanzfläche mit dem Vlies bedeckt, und die Pflanzen werden dann mittels eines Kreuzschnittes in die Erde gebracht. Bei Flächen mit nur wenigen Pflanzen pro Quadratmeter kann auch umgekehrt erst die Pflanzung durchgeführt und dann das Vlies durch Zuschneiden aufgelegt werden.

Das **Gießen** der Gartenpflanzen ist bei der richtigen Artenwahl nur während des Anwachsens und bei Pflanzen in Behältern notwendig. Möglicherweise auch einmal in außergewöhnlichen Trockenperioden, dann sollten Sie die Pflanzen einmal tief und durchdringend wässern, nicht aber täglich kurz gießen. Düngen ist nur bei Pflanzen notwendig, die einen nährstoffreichen Boden benötigen und die sich durch starke Blüte- oder Wuchsleistungen verausgaben. Kurzzeitdünger – und davon zu viel – macht die Blätter weich und anfällig für stechend-saugende Insekten wie Blattläuse und Blattwanzen.

Es gibt aber auch Gartenpflanzen, die prädestiniert sind für Läuse. Das Geißblatt gehört beispielsweise dazu. Praktisch über Nacht können die Pflanzen schwarz werden. Kein Grund zum Einsatz von chemischen Keulen. Florfliegenlarven, Marienkäfer, Meisen und andere Singvögel nutzen diesen gedeckten Tisch, und die Läuse sind so schnell wieder verschwunden, wie sie gekommen sind. Nur in ausgeräumten, überreinigten Siedlungsgebieten, wo kein Platz mehr für Nützlinge ist, kann es sein, dass man zu Brennnesseljauche oder ähnlichen Mitteln greifen muss.

Ein **Rückschnitt** ist bei den meisten Pflanzen nicht notwendig. Er kann aber bei Bodendeckern die Verzweigung und damit die Dichte fördern und die Kletterpflanzen in die gewünschte Richtung leiten. Allgemein lässt sich sagen, dass Frühlingsblüher nach der Blüte geschnitten werden, Sommerblüher im Herbst oder zeitigen Frühjahr. Werden die Pflanzen blühfaul oder bilden innen kahle Stellen, kann ein Schnitt abhelfen. Bei Pflanzen, die Früchte ausbilden, sollte auf den Schnitt möglichst verzichtet werden, da sie als Nahrung für Vögel und Kleinsäuger dienen. Mit Rücksicht auf brütende Vögel schneidet man Gehölze, in denen möglicherweise genistet wird, erst nach Ende der Brutzeit. Einige wenige Pflanzen benötigen einen regelmäßigen Schnitt. So der Blauregen, damit sich die Triebe nicht umeinanderschlingen. Gräser werden im Frühjahr geschnitten, noch bevor die frischen Austriebe sichtbar sind. Schnittmaßnahmen im Winter sollten nur bei trockenem, frostfreiem Wetter durchgeführt werden, um dem Eindringen von Pilzsporen an der Schnittstelle vorzubeugen.

Kletterpflanzen

Kletterpflanzen sind im Grunde genommen nichts anderes als Bodendecker in vertikaler Form. Sie bringen dort Grün in den dicht besiedelten Raum, wo kein Platz für Bäume oder Wiesen ist. Und selbst wenn kein Beet am Mauerfuß errichtet werden kann, muss auf eine Begrünung nicht verzichtet werden. Viele Kletterpflanzen lassen sich in Trögen ziehen, die dann selbst Terrassen und Balkone in kleine Gärten verwandeln.

Kletterpflanzen sind in der Lage, im Garten zahlreiche Flächen zu erobern, die sonst ungenutzt blieben. Sichtschutzwände, Zäune und Carports können mit ihnen zum Leben erweckt werden, und kleine Gärten gewinnen plötzlich an Fläche. Bedenken sollte man aber, dass Kletterpflanzen je nach Spezies ein erhebliches Flächengewicht von bis zu 100 kg/m² erreichen können. Dies sollten Sie bei der Auswahl bedenken, wenn Sie beispielsweise ein Gartenhäuschen begrünen möchten. Besonders schwer können Blauregen, Trompetenwinde und Kletterhortensie werden.

Die Auswahl an nützlichen Pflanzen ist groß, und fast jeder Standort lässt sich mit der richtigen Pflanze bereichern. Kletterpflanzen lassen auch tote Bäume wieder erblühen oder kaschieren unschöne Ecken wie den Platz für die Mülltonnen. Ganz pragmatisch gesehen lässt sich auch unser Speiseplan mit Kletterpflanzen erweitern, wenn wir Kiwi, Akebie, Wein, Chayote, Schlangenhaargurke oder Spalierobst als Begrünungspflanzen auswählen. Außerdem sind Kletterpflanzen nützlich für die Gebäude. Das Wurzelwerk hält Keller trocken, und das Blattwerk schafft im Sommer kühle, angenehme Luft. Fassadenbegrüner schützen den Putz vor Schlagregen, und Spalierobst an den Sonnenseiten ermöglicht die Ernte von Obstarten, die sonst eher in südlicheren Ländern zu finden sind.

Bereits im Altertum wurden Kletterpflanzen zur Begrünung von Bauwerken genutzt. In der Renaissance waren begrünte Laubengänge üblich, und bis zur Mitte des 20. Jahrhunderts rankten Kletterpflanzen an allerlei Bürger- und Landhäusern. Ab Mitte des 20. Jahrhunderts wurde zunehmend auf die Begrünung des Mauerwerks verzichtet. Mit dem Aufkommen trockener, bewohnbarer Keller änderte sich einiges. Kunststoffhaltige Putze und die Angst vor Insekten im Haus haben das Grün mehr und mehr aus dem städtischen Raum verschwinden lassen. Auch bei vielen Architekten genießen Kletterpflanzen einen schlechten Ruf – zu Unrecht, denn zu Problemen zwischen Fassade und Grün kommt es nur, wenn die falsche Kletterpflanze ausgewählt oder das Klettergerüst unsachgemäß montiert wurde.

Langsam besinnt man sich wieder auf diese Tugenden des Grüns im besiedelten Raum. Flachdächer sind prädestiniert als Grünflächen für Artenvielfalt, aber auch vertikale Flächen laden dazu ein. Und keine Angst: Begrünte Hauswände, Dächer und Balkone ziehen zwar Tiere an, weil sie hier Unterschlupf und Nahrung finden. Im Haus hingegen fühlen sie sich nicht wohl, und die Überlegung, durch eine begrünte Fassade allerlei Getier einzuschleppen, ist unbegründet. Ganz im Gegenteil, sie bietet die Möglichkeit, eine interessante Tierwelt direkt vom Fenster aus zu beobachten, Vogelgezwitscher und Grillengezirpe miteingeschlossen. Gärten haben sich, und seien sie noch so klein, als wertvolle Artenvielfaltsoasen herausgestellt. Eine immer dichter werdende Bebauung muss uns darüber nachdenken lassen, wie jedes noch so kleine Fleckchen Erde erhalten bzw. der Natur zurückgegeben werden kann. Hauswände, Zäune und ähnliche Flächen werden dabei oft vergessen. Werden sie miteinbezogen, lässt sich die Grünfläche eines Grundstücks oft deutlich vergrößern und das Kleinklima verbessern. Pflanzen beruhigen unsere Sinne durch ihr Grün. So kann uns auch in der Stadt der tägliche Blick auf eine begrünte Fassade und ihre tierischen Besucher den Wechsel der Jahreszeiten erleben lassen und unsere Verbundenheit mit der Natur stärken. Mit jeder einzelnen von uns Menschen gesetzten Pflanze wird Gutes für das Naturgefüge bewirkt. Aus diesem Grund werden in diesem Buch auch nur Kletterpflanzen vorgestellt, die ökologisch wertvoll sind.

Landschaftsgestalter und Architekten unterscheiden bei der Gebäudebegrünung zwischen bodengebundener und wandgebundener Begrünung. Bei der traditionellen bodengebundenen Gebäudebegrünung wird eine Fassadenbegrünung dadurch

Die attraktive Trichterwinde *Ipomoea indica* gehört zu den Prunkwinden.

erzielt, dass die Pflanzen vor der Fassade in den Boden oder in Gefäße gepflanzt werden und von dort aus mit oder ohne Kletterhilfe die Wände erobern. Bei der wandgebundenen Begrünung handelt es sich um technisch aufwendige Begrünungslösungen, bei denen die Pflanzen keinen Kontakt zum Boden haben, sondern in Pflanztaschen, Metallgefäßen und Ähnlichem in einer vorgehängten Wand in speziellen Substraten wurzeln. Sie müssen technisch aufwendig mit Wasser und Nährstoffen versorgt werden.

Wenn man heute an Fassadenbegrünung denkt, kommen einem die spektakulär begrünten Hochhäuser aus dem Netz in den Sinn. Dass es sich dabei um technisch und in puncto Energieverbrauch aufwendige und teure Begrünungssysteme handelt, wissen die wenigsten Bewunderer. Ganz anders verhält es sich mit der traditionell bodengebundenen Begrünung. Seit Jahrhunderten existieren Fassadenbegrünungen an Bauernhöfen, Burgen, Weingütern oder Stadtvillen. Diese Methode ist so nachhaltig, dass es noch immer historische Gebäude mit jahrhundertealten Klettergehölzen gibt. Sie haben die Fassade vor der Witterung geschützt und das Fundament vor zu viel Feuchtigkeit bewahrt. Diese bodengebundene Begrünung ist nach wie vor die ideale Form der Gebäudebegrünung und funktioniert ganz von allein.

Fassadenschutz und Zierde in einem

Gabionen, mit Steinen gefüllte Drahtbehälter, eignen sich zur Begrünung mittels Kletterpflanzen. Das Drahtgitter bietet beispielsweise Kletterrosen Halt. Klettertechnisch entspricht eine Gabione einer rauen Mauer mit Gitter als Rankhilfe, wobei der Abstand zwischen Gitter und Steinen hier sehr eng ist. Freistehende Gabionen haben durchwegs ein breites, geschottertes Fundament, sodass man die Kletterpflanze mit entsprechendem Abstand zur Gabione hinleiten muss.

Zur Begrünung eignen sich auch abgestorbene Bäume, so etwa Obstbäume. Mit Kletterrosen oder Clematis bepflanzt, ergibt sich hier ein besonders schönes Bild. Vor dem Bepflanzen sollte der Baum in die gewünschte Form und Höhe geschnitten werden. Wählt man Blauregen, Efeu oder Trompetenwinde als Kletterer, kann es passieren, dass mit der Zeit der tote Baum wegmorscht und sich die Kletterpflanzen zu selbsttragenden Bäumen entwickeln.

Wie die Gründächer für eine Langlebigkeit der Dachhaut und eine **Verbesserung des Klimas** innerhalb der Räume sorgen, tragen auch Kletterpflanzen erheblich dazu bei, den Wasser- und Klimahaushalt im bebauten Gebiet zu verbessern. Regenwasser kann versickern und zurück in den Wasserkreislauf gelangen, die Blattmassen binden Staub und Abgase, geben Sauerstoff und Wasserdampf an die Umgebung ab, verbessern die Umgebungsluft und das Kleinklima. Die Temperaturunterschiede zwischen einem begrünten und einem unbegrünten Innenhof können im Sommer einige Grad ausmachen. Andererseits trägt eine Fassadenbegrünung auch zum Wärmeschutz bei. An sonnenabgewandten Gebäudewänden sorgen die Blätter für eine Windbremse und verhindern dadurch, dass Energie verloren geht. Die Luftschicht zwischen Blätterwand und Mauer tauscht sich nur langsam aus. So entsteht ein dämmender Übergang. An der Südseite verhindert die Blattmasse, dass sich das Mauerwerk im Sommer zu sehr aufwärmt, was positiv für die Fassade und das Raumklima ist. Im Winter sollten ungedämmte Gebäudeflächen mit Südausrichtung frei von Blättern sein, damit das Sonnenlicht das Mauerwerk zur passiven Energiegewinnung erwärmen kann.

Planung

Bei den Kletterpflanzen unterscheidet man, vereinfacht gesagt, zwischen Selbstklimmern und Nichtselbstklimmern, die wiederum Spreizklimmer, Schlinger und Ranker umfassen. Selbstklimmer benötigen keine Kletterhilfe. Mit speziellen Haftscheiben oder Haftwurzeln halten sie sich am Untergrund fest. Ein dunkler, rauer Untergrund wird als Haftgrund bevorzugt, weil sich die Haft-

Wald-Geißblatt *(Lonicera periclymemum)*

organe lichtfliehend verhalten. Die Wuchsrichtung bei Selbstklimmern kann nicht gezielt gelenkt werden. So müssen bei ihnen Türen, Fenster und Dachrinnen regelmäßig freigeschnitten werden. Ungeeignete Kletteruntergründe für Selbstklimmer mit Haftwurzeln sind kunststoffhaltige Wandputze und Kunstharzputze, Wärmedämmverbundsysteme, rissige Putzoberflächen, luftporenhaltige Wärmedämmputze mit niedriger Tragfähigkeit und vorgehängte Fassaden aus Holz oder Schiefer.

Zu den echten Selbstklimmern gehören nur wenige Kletterpflanzen, so heimischer Efeu *(Hedera helix)*, Dreispitzige Jungfernrebe *(Parthenocissus tricuspidata)* und selbstklimmender Wilder Wein *(Parthenocissus quinquefolia* s.str.), zum Teil auch die Kletterhortensie *(Hydrangea petiolaris)*. Alle anderen Kletterpflanzen benötigen eine Kletterhilfe. Sie haben den Vorteil, dass sie durch diese Kletterhilfe in ihrem Wuchs gezogen werden können. Schlinger umschlingen mit ihren jungen Trieben vorwiegend senkrechte Anhalthilfen. Mit ihren Triebspitzen führen sie kreisende Suchbewegungen durch, bis sie Kontakt zu einem Untergrund gefunden haben. Waagrechte Verstrebungen sind aber dennoch hilfreich, damit die Pflanze vor einem Abrutschen an den senkrechten Stäben bewahrt wird.

Bei der Planung sollten Sie bedenken, dass an Mauern und Fassaden andere klimatische Bedingungen vorherrschen als im offenen Garten. Sie ähneln eher dem Mikroklima von Felswänden, Weinbergen oder Steinbrüchen. Je nach Himmelsrichtung sind die Pflanzen unterschiedlichen Temperaturen ausgesetzt. In Höfen werden Temperaturspitzen meist abgemildert und Winde abgebremst, dort ist aber auch mit weniger Niederschlag zu rechnen, und so kann man hier von einem mehrere Grad Celsius wärmeren Kleinklima ausgehen, als es in der offenen Landschaft der Umgebung herrscht. Dies sollten Sie bei der Kletterpflanzenauswahl berücksichtigen.

Kletterpflanzen können in Bezug auf die Blattmasse an einen Baum heranreichen. Entsprechend groß und tief sollte das Pflanzbeet von Anfang an sein. Optimal für praktisch alle Kletterpflanzen sind humose, frische, durchlässige Gartenböden. Sie weisen eine krümelige Struktur und dunkle Farbe auf. Ist der Boden verdichtet oder lehmig, muss er zuvor mit einer Schotterschicht oder anderem körnigen Material drainagiert und verbessert werden.

Das fertig gepflanzte Beet bzw. der fertig bepflanzte Trog kann dann gemulcht werden. Mulch und ein unterhalb eingebrachtes Unkrautvlies machen das Beet pflegeleicht, weil kaum Unkraut durchkommt und die Feuchtigkeit im Boden gehalten wird; andererseits wird dadurch auch die natürliche Abwechslung genommen, die in einem ungemulchten Beet entstehen kann. Das kann etwa bedeuten, dass die Blühsaison in einem ungemulchten Kletterpflanzenbeet mit der Krokusblüte im Februar beginnt und mit der Herbstzeitlose im Oktober endet.

Kletterpflanzen, die in Tröge gesetzt wurden, benötigen mehr Pflege als Kletterpflanzen im gewachsenen Boden. Sie haben nur das Erdreich im Trog zur Verfügung und müssen wahrscheinlich gelegentlich auch dann gegossen werden, wenn sie unter freiem Himmel stehen. Tröge sollten mit bester Pflanzerde und Langzeitdünger gefüllt werden, damit den Kletterpflanzen die notwendigen Nährstoffe zur Verfügung stehen. Frostfeste Terrakottagefäße sind besser geeignet als Metall- oder Kunststoffgefäße. Bei Letzteren kann sich der Wurzelbereich so erwärmen, dass es zu Schädigungen an den Faserwurzeln kommt. Eine Beschattung des Wurzelbereiches von Kletterpflanzen ist nicht nur bei Clematis-Pflanzen empfehlenswert.

Einjährige Kletterpflanzen

Kletterpflanzen werden meist als mehrjährige Gehölze oder Stauden gesetzt. Es gibt aber auch Einjährige, die bei rechtzeitiger Aussaat oder Vorkultur im Sommer als Schattenspender oder Sichtschutz am Balkon nützlich sein können. Meist werden sie in Trögen gezogen, entsprechend hoch ist dann auch ihr Pflegebedarf, was Wässern und Düngen betrifft. Zahlreiche „Einjährige" sind in ihrer wärmeren Heimat tatsächlich mehrjährig und werden bei uns in der Regel einjährig gezogen, darunter die Glockenrebe *(Cobaea scandens)*. Sie können bei uns in hellen, kühlen Räumen in Töpfen überwintern.

Spalierobst sollte immer nur an nach Süden oder Südwesten zeigende Mauern gepflanzt werden. Hier kann man auch in kühleren Gegenden Obst wie Weintrauben, Feigen oder Pfirsiche ernten, die an anderen Standorten erfrieren würden. Die in der Baumschule dafür vorbereiteten Obstgehölze werden dann zu Hause so geschnitten, dass die Äste und Zweige parallel zur Hauswand wachsen und damit von den wärmeren Temperaturen profitieren. Als Spalierobst eignen sich Apfel, Birne, Quitte, Nashi, Marille, Pfirsich, Nektarine, Pflaume, Ringlotte, Sauerkirsche, Feige, Wein, Kiwi und Lotospflaume.

Kletterpflanzen für die Tierwelt

Kletterpflanzen bieten den verschiedensten Tierarten Nahrung und Lebensraum. Ungefüllte Blüten sind stets wertvoller als gefüllte Blüten. Nicht nur, weil sie Nahrung für die Insekten bereithalten, sie sind auch natürlicher und fallen bei Regen nicht in sich zusammen. Bei gefüllten Blüten sind die Staubblätter zu Blütenblättern umgeformt und bieten so keine Nahrung, außerdem kann sich daraus keine Frucht bilden. Sie locken zwar die Tiere an, doch suchen die Insekten hier vergebens nach Nahrung.

Kletterpflanzen und Flächenbegrüner bieten Verstecke für Vogelnester und für Kleinsäuger wie Igel. An Fassaden herrschen etwas andere Bedingungen. Hier ist es meist wärmer und trockener, außerdem wagt sich der eine oder andere Nesträuber nicht so nah ans Haus, sodass Singvögel hier geschützter brüten können.

Bei heimischen Blütenpflanzen gibt es eine seit Jahrmillionen währende Koevolution zwischen Pflanze und Tier, weshalb heimische Pflanzen wertvoller sind. Die Blätter heimischer Arten dienen Schmetterlingsraupen als Futterpflanze. Aber auch fremdländische Pflanzenarten können für die heimische Tierwelt nützlich sein, indem sie Pollen, Nektar oder Früchte bereitstellen. Pflanzen ohne ökologischen Wert im Garten werden hier nicht vorgestellt, dafür gibt es zu viele wunderbar wertvolle Arten, die gärtnerisch kaum Beachtung finden. Zusammengefasst lässt sich sagen, dass man mittels einer Fassadenbegrünung mit wenig Aufwand eine große positive Wirkung erreichen kann. Grüne Fassaden verbessern und befeuchten die Luft, binden Staub, spenden Sauerstoff, kühlen die Luft, binden Kohlendioxid und mindern Schallreflexionen. Sie entlasten durch den Regenwasserrückhalt die Kanalisation, schützen das Gebäude vor Temperaturschwankungen, Schlagregen und Hagel, UV-Strahlung und Fassadenschmiererei. Sie halten Fundamente trocken, erschließen Lebensräume für Tiere und erhöhen die Artenvielfalt innerhalb des besiedelten Gebietes.

Echtes Chinaschilf *(Miscanthus sinensis)* bietet einen idealen Rückzugsraum für Tiere.

Bodendecker

Unter dem Begriff Bodendecker werden Stauden, Einjährige oder Zwerggehölze zusammengefasst, die durch seitliches Wachstum Flächen abdecken und sich großflächig vergesellschaften lassen. Durch ihren kriechenden Wuchs oder durch Ausläufer bilden sie dicht zusammenhängende Pflanzendecken. Aber auch Pflanzen, die horstig wachsen, eignen sich dafür. Beispielsweise haben sie Blätter, die den Boden flächendeckend schließen und Unkraut wenig Chance lassen. Unter dem Begriff Flächenbegrüner werden üblicherweise größere Pflanzen verstanden wie etwa Kleinsträucher oder Großgräser. Sie bedecken den unmittelbaren Boden nicht, sondern die Fläche darüber und werden meist großflächig in öffentlichen Grünanlagen eingesetzt. Waren Bodendecker früher oft nur Abstandshalter oder einfach günstiges Straßenbegleitgrün, so repräsentieren diese Flächen heute echte Werte im ökologischen Sinne. Der Natur wird eine Fläche zurückgegeben, und es wird sehr wohl Bedacht darauf gelegt, welche Pflanzen gesetzt werden, um möglichst wertvolle Flächen zu gewinnen. Bodendecker bezaubern mit schönem Laub, duftenden Blüten und wertvollen Früchten und sind alles andere als Lückenfüller.

Flächen mit Bodendeckern zu gestalten ist eine kreative Angelegenheit. Weniger, wenn es sich nur um eine Art handelt, jedoch desto mehr, wenn man einen Wechsel wagt. Wenn Sie sich als Bodendecker für eine einzige Pflanzenart entscheiden, kann das im Auge des Betrachters beruhigend, mitunter aber auch einfallslos wirken. Bei der Auswahl mehrerer Pflanzenarten wird es gleich spannender. Es erfordert aber auch, sich im Vorfeld mit den Pflanzenarten zu beschäftigen.

Grundsätzlich sollten sich Flächen wiederholen. Als Beispiel sei eine Fläche von 100 Quadratmetern mit eher nährstoffarmem Boden in sonniger, geschützter Lage genannt. Gewählt werden die Arten Katzenminze (*Nepeta ×faassenii*), Lesotho-Mittagsblume *(Delosperma nubigenum)* und Moskitogras *(Bouteloua gracilis)*. Den größten Teil der Fläche nimmt die Katzenminze ein, mehrere Teilflächen werden mit ihr bepflanzt. Das Gelb der Lesotho-Mittagsblume harmoniert gekonnt mit dem Blau der Katzenminze, und das Moskitogras zaubert ein verspieltes Flair in die Fläche.

Auch mit Ziergräsern lassen sich spannungsvolle Flächenbepflanzungen anlegen. Viele Gräser kommen in großen Gruppen am besten zur Geltung. Die Blätter des Chinaschilfs können beispielsweise den Wellengang des Meeres widerspiegeln und bieten dabei Tieren wie dem Feldhasen Unterschlupf.

Beispiel für eine attraktive Terrassen-Bepflanzung mit Bodendeckern

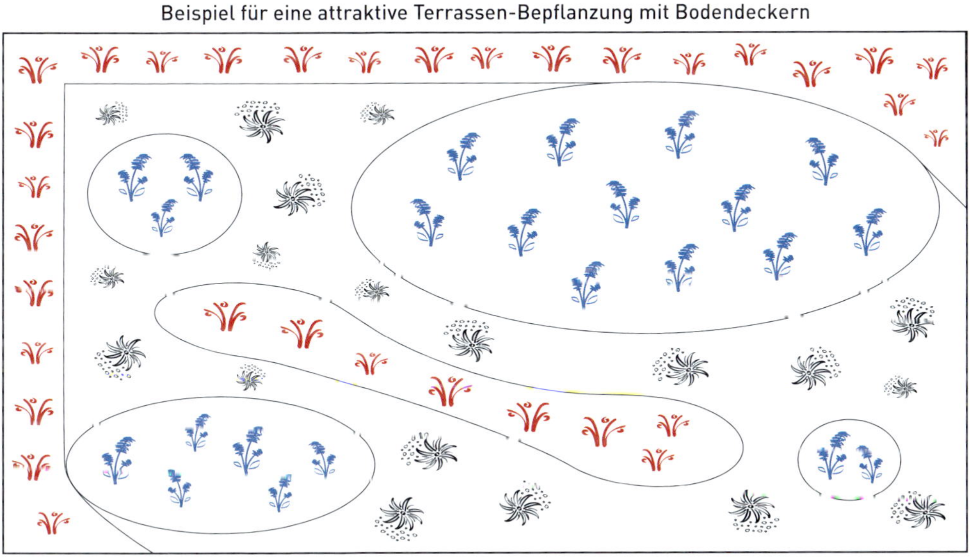

Moskitogras Katzenminze Mittagsblume

Zum Aufbau des Buches

Die vorgestellten empfehlenswerten Pflanzen werden in die drei Gruppen Kletterpflanzen, Bodendecker und Flächenbegrüner unterteilt. Die Grenzen dazwischen verlaufen fließend, denn Efeu ist sowohl als Bodendecker, aber auch als Kletterpflanze geeignet, Fünffingerstrauch als Flächenbegrüner und in besonders niedrig wachsenden Sorten wie 'Goldteppich' auch als Bodendecker. Gewählt wurde immer die meistgenutzte Kategorie.

Die jeweiligen empfehlenswerten Pflanzen werden mit dem gängigen deutschen Namen vorgestellt. Dieser kann im deutschsprachigen Gebiet regional sehr unterschiedlich sein. In der Regel wird hier dem „Zander" als maßgebender Pflanzen-Enzyklopädie gefolgt. Der dahinterstehende botanische Name kann im Zweifelsfall Aufschluss geben. Danach kommt die Familie, zu der die Pflanze zugehört. Synonyme, also alte, nicht mehr gültige wissenschaftliche Namen, sind nur dann genannt, wenn sie hilfreich sein können, beispielsweise weil die jeweiligen Pflanzen im Gartenhandel oft noch mit dem synonymen Namen etikettiert sind.

Es folgt der Steckbrief mit wichtigen Eigenschaften wie der Wuchshöhe, ob einjährig oder mehrjährig, sommergrün oder immergrün. Ist die beschriebene Pflanze nach einer Person benannt, wird diese kurz vorgestellt, ist sie nicht nach einer Person benannt, fällt dieser Punkt weg, es sei denn, zum Namen der Art gibt es anderweitig Interessantes zu berichten.

Unter „Standort und Boden" finden sich die Angaben, welche Ansprüche die Pflanze in Bezug auf Boden und Lage hat und für welche Art von Grünfläche sie sich am besten eignet.

„Eigenschaften" gibt Eigenheiten der jeweiligen Pflanze wider. Auch die Anzahl der empfohlenen Pflanzen je Quadratmeter bzw. Laufmeter. Dabei wird von relativ kleinen Pflanzen ausgegangen, nämlich vom 9-cm-Topf bei Bodendeckern und vom 1,5-Liter-Topf bei Kletterpflanzen und Flächenbegrünern. Werden größere Pflanzen gekauft, verringert sich entsprechend die Anzahl der Pflanzen.

Unter „Kulturpflanze" findet sich das Herkunftsgebiet der Pflanze, gegebenenfalls auch die Information, wann die Pflanze nach Europa kam und ob sie sich in unterschiedlichen Sorten im Pflanzenhandel findet.

„Vermehrung" beschreibt die einfachste Möglichkeit, die Pflanze zu vermehren, wobei die ideale Vermehrungsart immer der Kauf beim örtlichen Gärtner oder in der örtlichen Baumschule ist. Will man später die Pflanze aber selbst vermehren, etwa um Bekannten etwas abzugeben, kann diese Information hilfreich sein.

„Geeignete Partner" stellt Pflanzenarten vor, die ähnliche Bedingungen bevorzugen und daher als Partner passend sind. Anders als in Staudenbeeten oder Gehölzpflanzungen werden bei Bodendeckern, Flächenbegrünern und Kletterpflanzen meist nur wenige verschiedene Arten gepflanzt. Die vorgeschlagenen Pflanzen mögen hierbei eine Anregung geben.

Nun folgt der ökologische Nutzen der Pflanze, die für den Boden, die Wildtiere, uns Menschen als Wildgemüse, Wildobst oder Arzneipflanze oder anderweitig nützlich sein kann.

„Weitere Arten" / „Weitere Sorten" zeigt Pflanzen aus der gleichen Gattung, der gleichen Familie oder aber zumindest ebenfalls geeignete Arten ähnlich der vorgestellten Pflanze oder Sorten derselben Art.

Ist heute im Zeitalter des Internets überhaupt noch ein Buch über Kletterpflanzen und Bodendecker notwendig? Im Netz finden sich zwar alle möglichen Angaben über die einzelnen Pflanzenarten, aber keine Seite, in der man aus einer Fülle an geeigneten Möglichkeiten auswählen kann und entsprechende Hintergrundinformationen bekommt. Die Folge davon ist, dass Gärten oft erschreckend monoton oder einfallslos gestaltet werden. Hat man aber eine große Auswahl vor sich, wird es leichtfallen, eine Fläche farbenfroh und vielseitig zu gestalten.

In diesem Sinne wünsche ich Ihnen viel Spaß bei der Gestaltung Ihres Gartens, und denken Sie daran, dass mit jeder einzelnen Pflanze, die Sie setzen, Gutes für unser Naturgefüge entsteht.

Ihr
Norbert Griebl

Pflanzenporträts

Buntblättrige Kiwi

Actinidia kolomikta
(Strahlengriffelgewächs)

Blütezeit: Mai bis Juni

Steckbrief Bis 5 m hoher, sommergrüner Schlingstrauch mit eiförmigen Blättern, von denen manche anfänglich weiß, dann rosa gezeichnet sind. Herbstfärbung des Laubes gelb. Blüten weiß bis hellrosa, duftend, eingeschlechtig. Früchte eiförmig, grün bis gelbgrün, essbar.

Standort & Boden Bevorzugt frische, nährstoffreiche Böden und sonnige, geschützte Standorte. Eignet sich besonders zum Beranken von Lauben, Gartenhütten und stabilen, hohen Zäunen.

Eigenschaften Ein Rückschnitt im Spätsommer oder Herbst fördert die Blütenbildung. Als „Bluter" sollte die Pflanze, so wie alle Kiwi-Verwandten, nicht im Frühling geschnitten werden. Eine robuste Kletterhilfe ist notwendig, ein Anbinden ans Klettergerüst ratsam. Die Früchte fallen bei Reife schnell vom Strauch, weshalb sich die Art als Obstgehölz nicht durchgesetzt hat. 0,5 Pfl./lfm.

Kulturpflanze Beheimatet in Ostasien. Wird in männlichen und weiblichen Sorten kultiviert, so 'Adam' oder 'Sentyabraskaya'. Durch die Kreuzung dieser Art mit der Zwerg-Kiwi *(Actinidia arguta)* konnten negative Eigenschaften wie der frühe Fruchtfall herausgezüchtet werden. 'Julia', die sogenannte Sachsenkiwi, ist eine solche Kreuzung.

Vermehrung Durch Stecklinge im Mai/Juni.

Geeignete Partner Zwerg-Kiwi *(Actinidia arguta)*, Großsamige Kiwi *(Actinidia macrosperma)*, Kirsch-Kiwi *(Actinidia melanandra)*, Silberblatt-Kiwi *(Actinidia polygama)*, Purpur-Kiwi *(Actinidia purpurea)*.

Nutzen
Wildobst: Die Früchte schmecken ähnlich den Zwerg-Kiwis und sind sehr vitaminreich. Sie sind roh essbar und lassen sich zu Marmelade und Ähnlichem verarbeiten. Aufgrund ihrer Zweihäusigkeit müssen weibliche und männliche Pflanzen gesetzt werden.
Wildtiere: Die Blüten werden von vielerlei Insekten als Nahrungsquelle genutzt, genauso wie die Früchte von Vögeln und Kleinsäugern. Das Rankendickicht dient Vögeln als Nistmöglichkeit.

Weitere Arten:

Zwerg-Kiwi
(Actinidia arguta)

Zwerg-Kiwi
(Actinidia arguta)

Echte Kiwi
(Actinidia chinensis)

Steckbrief Bis 10 m hoher, sommergrüner, verholzter Schlinger mit weiblichen und männlichen Blüten an einer Pflanze. Blätter fingerförmig, in milden Wintern immergrün. Blüten dreiteilig, leicht duftend, weibliche Blüten dunkelpurpurn, männliche Blüten rosa, kleiner. Balgfrüchte fleischig, hängend, purpurviolett, 6–8 cm lang.

Name Im Pflanzenhandel auch Schokoladenwein, Fingerblättrige Klettergurke oder Fingerblättrige Akebie genannt.

Standort & Boden Bevorzugt nahrhafte, lehmige Böden in sonniger bis halbschattiger, warmer und geschützter Lage. Geeignet für den Obstgarten, Lauben, Pergolen, Zäune und zum Beranken von abgestorbenen Bäumen.

Eigenschaften In der Jugend langsamwüchsig. Frühlingspflanzung ist empfehlenswert. Ein Rückschnitt ist nicht notwendig, wird aber gut vertragen und regt die Pflanze zu Neutrieben an. 1 Pfl./lfm.

Kulturpflanze Beheimatet in Ostasien und durch den deutschen Naturwissenschaftler Baron Phillip Franz von Siebold (1796–1866) nach Mitteleuropa gekommen. Spätestens seit dem Jahr 1847 wird sie hier zu Zierzwecken kultiviert. Sorten wie 'Alba' oder 'Variegata' finden sich nur sehr selten im Pflanzenhandel.

Vermehrung Durch Abtrennen der bewurzelten, unterirdisch laufenden Kriechtriebe. Auch Samen- und Stecklingsvermehrung ist möglich.

Geeignete Partner Echte Kiwi *(Actinidia chinensis)*, Spaltkörbchen *(Schisandra chinensis)*, Echte Weinrebe *(Vitis vinifera)*.

Nutzen
Wildobst: Die Früchte ähneln ein wenig Pflaumen, sind essbar und haben einen angenehmen Geschmack. Sie werden allerdings nur in sehr warmen Lagen Mitteleuropas ausgebildet. Die Akebie ist selbstfruchtbar, mehrere statt nur einer Pflanze erhöhen aber die Chance auf eine Fruchtbildung.

Laub

Weibliche Blüte

Frucht

Akebie

Akebia quinata
(Fingerfruchtgewächs)

Blütezeit: April bis Mai

Ussuri-Scheinrebe

Ampelopsis brevipedunculata
(Weingewächs)

Blütezeit: Juli bis August

Steckbrief Bis 6 m hoher, sommergrüner Sprossranker. Blattspreite 3- bis 5-lappig, im Austrieb rotbraun. Blüten unscheinbar, Früchte anfänglich amethystblau bis türkis, später violettblau, dunkel gepunktet.

Standort & Boden Bevorzugt absonnige bis halbschattige Standorte und frische Böden in warmen Lagen. Eignet sich besonders für Klettergerüste wie Zäune, tote Bäume oder Lauben.

Eigenschaften Junge Triebe können zurückfrieren, treiben aber wieder durch. Die Pflanzung sollte im Frühling erfolgen, damit genügend Zeit zum Anwachsen bleibt. Giftig. 1,25 Pfl./lfm.

Kulturpflanze Ostasiatische Art, in Europa seit spätestens 1868 in Gartenkultur. Besonders im Austrieb und im Spätsommer/Herbst eine adrette Gartenpflanze.

Vermehrung Am einfachsten durch Absenker. Dazu biegt man einjährige, bodennahe Triebe im Frühjahr in eine geschaffene Erdspalte und trennt den Trieb von der Mutterpflanze, sobald er genügend angewurzelt ist. Stecklingsvermehrung (halbhart) ist im späten Frühjahr möglich.

Weitere Arten:

Ussuri-Scheinrebe
(Ampelopsis brevipedunculata)

Echte Schmerwurz
(Dioscorea communis)

Chinesische Yamswurz
(Dioscorea oppositifolia)

Geeignete Partner Pfeifenwinde *(Aristolochia macrophylla)*, Baumwürger *(Celastrus orbiculatus)*, Gold-Waldrebe *(Clematis tanqutica)*, Kletter-Hortensie *(Hydrangea petiolaris)*, Etruskisches Geißblatt *(Lonicera etrusca)*, Gold-Geißblatt (*Lonicera ×tellmanniana*), Blaue Passionsblume *(Passiflora caerulea)*, Kletterrose (*Rosa spec.*)

Nutzen

Wildtiere: Vögel verzehren die Beeren, Bienen naschen an den Blüten.

Amerikanische Erdbirne

Apios americana
(Hülsenfrüchtler)

Blütezeit: Juli bis September

Steckbrief Bis zu 3 m hoch kletternde, sommergrüne Staude mit 2–5 cm langen Knollen, die perlschnurartig an den Wurzeln aufgereiht sind. Stängel führt Milchsaft. Blätter wechselständig, unpaarig gefiedert. Blüten ziegelrot, nach Veilchen duftend, in dichten, kurzen, im Laub stehenden Trauben.

Standort & Boden Bevorzugt helle bis halbschattige, warme Standorte und frische, kalkhaltige und nährstoffreiche Böden. Besonders geeignet zum Beranken von Zäunen, Terrassenabtrennungen und Mauern, aber auch im Zier- und Gemüsegarten.

Eigenschaften Wuchert bei günstigen Voraussetzungen. 1,5 Pfl./lfm.

Kulturpflanze Beheimatet im östlichen Nordamerika. Um 1650 nach Europa gekommen und in Norditalien und Frankreich versuchsweise großflächig als Nahrungspflanze angebaut. Sowohl Gemüse- als auch Zierpflanze.

Vermehrung Die Pflanze kommt im Gebiet bisher nicht zum Fruchten und wird hier durch Teilung der Rhizomknollen vermehrt. Die Knollen werden im Frühling 5–10 cm tief ausgelegt.

Geeignete Partner Madeirawein *(Anredera cordifolia)*, Kaukasischer Rankspinat *(Hablitzia tamnoides)*, Helmbohne *(Lablab purpureus)*, Großblütige Platterbse *(Lathyrus grandiflorus)*, Schlangenhaargurke *(Trichosanthes cucumerina)*, Knollen-Kapuzinerkresse *(Tropaeolum tuberosum)*, Adzukibohne *(Vigna angularis)*, Mungobohne *(Vigna radiata)*.

Boden Stickstoffbindende Pflanze mit Knöllchenbakterien, die in der Lage sind, den Luftstickstoff für den Stoffwechsel der Pflanzen verfügbar zu machen.

Nutzen
Wildgemüse: Die gekochten Knollen haben einen leicht süßlichen Geschmack, ähnlich denen der Batate. Die Knolle ist roh genießbar oder kann getrocknet zu Mehl verarbeitet werden. Die Samen können wie Erbsen zubereitet werden.
Wildtiere: Gute Insektenweide.

Weitere Arten:

Helmbohne
(Lablab purpureus)

Großblütige Platterbse
(Lathyrus grandiflorus)

Breitblättrige Platterbse
(Lathyrus latifolius)

Steckbrief Bis zu 10 m hohe, sommergrüne Kletterpflanze mit schildförmigen Blättern, die erst spät im Jahr abfallen. Ihre gelblich braunen Blüten sind wie die aller *Aristolochia*-Arten interessant geformt, verstecken sich aber oft hinter dem Laub und riechen etwas streng, weshalb die Pflanze nicht unbedingt für Lauben, unter denen man im Sommer sitzt, geeignet ist.

Standort & Boden Bevorzugt humose, nährstoffreiche, frische Böden und halbschattige Lagen. Eignet sich besonders zur Begrünung von Fassaden, Carports, Rankgerüsten, großen Bäumen und hohen Zäunen.

Eigenschaften Die Pfeifenwinde besitzt die Fähigkeit zur Selbstheilung bei Rissen im Festigungsgewebe. In der Bionik wird diese Eigenschaft als Vorbild für eine selbstreparierende Schaumschutzschicht bei luftgefüllten Membranen genutzt. Anfänglich schwachwüchsig, später starkwüchsig, stadtklimafest, giftig. 0,75 Pfl./lfm.

Kulturpflanze 1761 sandte der Quäker John Bartram Samen der nordamerikanischen Pfeifenwinde, die er im Ohio-Flusstal sammelte, an den englischen Pflanzenliebhaber Peter Collinson, aus denen der Gärtner James Gordon Pflanzen heranzog. Ende des 18. Jahrhunderts erreichte die Art Deutschland, wo sie eine ziemlich rasche Ausbreitung erfuhr; so wuchs sie 1808 im Berliner Botanischen Garten und 1815 in Kunersdorf im Oderbruch.

Vermehrung Lässt sich über Stecklinge, Ableger und Samen vermehren, wobei Sämlinge etliche Jahre brauchen, bis sie das erste Mal blühen.

Geeignete Partner Hopfen *(Humulus lupulus)*, Japanisches Geißblatt *(Lonicera japonica)*, Orientalische Baumschlinge *(Periploca graeca)*.

Nutzen
Wildtiere: Das dichte Laubwerk wird von Kleinsäugern als Zufluchtsort genutzt.

Weitere Arten:

Braune Osterluzei
(Aristolochia pistolochia)

Andalusische Osterluzei
(Aristolochia baetica)

Riesen-Pfeifenblume
(Aristolochia gigantea), nicht winterhart

Pfeifenwinde

Aristolochia macrophylla
(Syn.: *Isotrema macrophyllum, A. durior*)
(Osterluzeigewächs)

Blütezeit: Juni bis Juli

Trompetenwinde

Campsis radicans
(Trompetenbaumgewächs)

Blütezeit: Juli bis September

Steckbrief 2–8 m hohe, sommergrüne, verholzte Liane mit Haftwurzeln. Blätter gegenständig, unpaarig gefiedert mit 7–11 eilanzettlichen, zugespitzten, gesägten, oberseits glänzenden, unterseits auf den Nerven behaarten Blättchen. Blüten trompetenförmig, Krone 5–7 cm lang, orange bis orangerot, am Ende der einjährigen Triebe. Kapselfrüchte 8–18 cm lang, anfänglich glänzend hellgrün, mit zahlreichen geflügelten Samen.

Standort & Boden Für jeden normalen, nährstoffreichen Gartenboden in sonniger, windgeschützter Lage. Als Kletterpflanze besonders für robuste Pergolen, stabile Rankgerüste und Strommasten geeignet.

Eigenschaften Bevorzugt einen beschatteten Fuß. Stadtklimafest, rauchhart. Alte Pflanzen vertragen sommerliche Trockenheit. Die Blühfreudigkeit und Blütengröße wird durch einen Rückschnitt von Mitte Februar bis Mitte März gefördert. Auf zu feuchten Böden anfällig für die Verticillium-Welke (Pilzerkrankung). Leicht giftig. 0,5 Pfl./lfm.

Kulturpflanze Beheimatet im südöstlichen Nordamerika. Um das Jahr 1620 aus den damaligen französischen Kolonien nach Paris gekommen, von wo aus ihre weitere Verbreitung auf dem Kontinent begann. Etwa um 1640 ist sie aus Deutschland bekannt, vom Fürstlich Braunschweigischen Garten zu Hessen. In mehreren Sorten im Pflanzenhandel, so 'Flava' mit gelben Blüten und 'Flamenco' mit orangeroten Blüten. Die häufig kultivierte *Campsis ×tagliabuana* 'Mme. Galen' ist eine Hybridauslese aus *Campsis radicans* und *Campsis grandiflora*.

Blüten

Herbstfärbung

Hybrid-Trompetenwinde
(*Campsis ×tagliabuana*)

Vermehrung Durch Abtrennen von bewurzelten Ablegern im Frühling oder Spätsommer.

Geeignete Partner Buntblättrige Kiwi *(Actinidia kolomikta)*, Ussuri-Scheinrebe *(Ampelopsis brevipedunculata)*, Italienische Waldrebe *(Clematis viticella)*, Immergrüner Spindelstrauch *(Euonymus fortunei)*, Japanisches Geißblatt *(Lonicera japonica)*, Gold-Geißblatt *(Lonicera ×tellmanniana)*.

Nutzen

Wildtiere: Nahrungspflanze für Käfer, Bienen, Hummeln und Wespen. Die Trompetenwinde lebt in Symbiose mit Ameisen, die sie gegen Fressfeinde verteidigen. Die Ameisen werden dafür im Gegenzug mit Nektar belohnt, der aus den Nektarien an den Blattansätzen ausgeschieden wird.

Steckbrief 1–4 m hoher, sommergrüner Kletterstrauch mit doppelt 3-zähligen Blättern und hellblauen, nickenden, vierzähligen Blüten, in deren Mitte sich ein Kranz von 10 bis 12 weißen Nektarblättern befindet. Fruchtstand perückenartig, zierend.

Standort & Boden Bevorzugt humose, durchlässige, frische Böden in halbschattiger Lage. An kühlen, luftfeuchten Standorten auch vollsonnig. Eignet sich besonders für Alpengärten, Klettergerüste, Blocksteinmauern, Steingärten und Tröge.

Eigenschaften In der Jugend etwas trägwüchsig. Mag einen kühlen, beschatteten Fuß und einen hellen Kopf. Ist ein Rückschnitt notwendig, sollte dieser nach der Blütezeit durchgeführt werden. Giftig. 1,5 Pfl./lfm.

Kulturpflanze Heimische Pflanze. Gartenbaubetriebe wie die holländische Firma Pieter Zwijnenburg kreuzen die Alpen-Waldrebe mit verwandten Arten, wie der ostasiatischen *C. macropetala*, der nordkoreanischen *C. koreana* oder der Pagoden-Waldrebe *(C. chiisanensis)*. Durch diese Zucht und durch Naturauslese entstanden zahlreiche hervorragende Sorten, so 'Pamela Jackman' mit blauen, weiß berandeten Kronblättern, 'Imke' mit purpurvioletten, halbgefüllten Blüten, 'Columbine' mit blassblauen Blüten, 'Ruby' mit purpurroten Blüten, 'Frances Rivis' mit blauen Kronblättern und weißer Mitte und 'Willy' mit rosa Blüten.

Vermehrung Durch Aussaat im März/April oder Stecklinge im Frühsommer. Dunkel- und Kältekeimer.

Geeignete Partner Berg-Waldrebe *(Clematis montana)*, Gold-Waldrebe *(Clematis tangutica)*, Texas-Waldrebe *(Clematis texensis)*, Gold-Geißblatt (*Lonicera ×tellmanniana*), Kletterrose (*Rosa* spec.).

Nutzen
Wildtiere: Den Nektar nutzen unter anderem Schmetterlinge, Bienen, Hummeln und Wespen.

Weitere Arten:

Alpen-Waldrebe
(*Clematis alpina* 'White Columbine')

Rosa Waldrebe
(*Clematis macropetala* 'Ballet Skirt')

Gold-Waldrebe
(*Clematis tangutica*)

Alpen-Waldrebe

Clematis alpina
(Hahnenfußgewächs)

Blütezeit: Mai bis Juni

Berg-Waldrebe

Clematis montana
(Hahnenfußgewächs)

Blütezeit: Mai

Steckbrief Bis 8 m hohe, starkwüchsige, sommergrüne Kletterpflanze. Blätter dreizählig, Blättchen eiförmig, gezähnt. Blüten anemonenartig, weiß bis hellrosa, nach Vanille duftend, erscheinen am vorjährigen Holz.

Standort & Boden Bevorzugt nährstoffreiche, frische Böden und sonnige bis halbschattige, geschützte Lagen. Eignet sich besonders für Lauben, Sichtschutzwände, Hausmauern mit Rankhilfe, Zäune, Carports oder abgestorbene Bäume.

Eigenschaften Kalkverträglich, friert gelegentlich zurück, regeneriert sich aber gut. Der Wurzelbereich sollte durch Bepflanzung oder Mulchen kühl gehalten werden. Rückschnitt, wenn erforderlich, unmittelbar nach der Blüte. Giftig. 1 Pfl./lfm.

Kulturpflanze Während im 19. Jahrhundert in Europa an großblütigen Clematis-Hybriden gezüchtet wurde, stieg auch das Interesse an den kleinblütigen Wildarten. Lady Sarah Amherst, die Pflanzen liebende Gattin des englischen Generalgouverneurs von Indien, fand die Berg-Waldrebe im Himalaja und brachte 1828 Samen mit nach England. Noch interessanter wurde die Art, als Henry Wilson 1902 eine rosa blühende Form aus China nach England einführte. Die Gärtnerei Veitch and Sons in Coombe Wood bei London kultivierte und verbesserte durch Auslese die Sippe. Heute in mehreren Sorten im Pflanzenhandel, so 'Rubens' mit rosa Blüten, 'Marjorie' mit halbgefüllten Blüten oder 'Freda' mit intensiv rosa Blüten und dunklem Laub.

Weitere Arten:

Ganzblättrige Waldrebe
(Clematis integrifolia)

Texas-Waldrebe
(*Clematis texensis* 'Etoile Rose')

Italienische Waldrebe
(Clematis viticella)

Vermehrung Durch Stecklinge nach der Blütezeit oder Absenker.

Geeignete Partner Gold-Waldrebe *(Clematis tangutica)*, Texas-Waldrebe *(Clematis texensis)*, Italienische Waldrebe *(Clematis viticella)*, Kletterrose *(Rosa* spec.).

Nutzen
Wildtiere: Nahrungsquelle für pollensammelnde Käfer, Fliegen und Bienen. Futterpflanze für Waldrebenspanner *(Horisme* spec.) und Waldreben-Fensterfleckchen *(Thyris fenestrella)*.

Glockenrebe

Cobaea scandens
(Sperrkrautgewächs)

Blütezeit: Juli bis Oktober

Steckbrief Bis 5 m hohe, mehrjährige, in Mitteleuropa meist einjährig gezogene, schellwüchsige Kletterpflanze. Blätter gefiedert mit eiförmig zugespitzten Teilblättern. Blüten duftend, groß, purpurviolett, glockenförmig.

Name Benannt zu Ehren des spanischen Geistlichen, Geschichtsschreibers und Naturforschers Bernabé Cobo (1582–1657). Cobo verließ schon mit 15 Jahren Spanien und wurde Priester und Jesuitenmissionar in Peru, lebte von 1631 bis 1642 in Mexiko, erlernte die unterschiedlichen Dialekte der einheimischen Bevölkerung, beschäftigte sich mit der Geschichte Perus und Mexikos und verfasste wichtige botanische Beiträge, beispielsweise über die Kartoffel.

Standort & Boden Bevorzugt humose, nährstoffreiche, durchlässige Böden und sonnige bis halbschattige, windgeschützte Lagen. Eignet sich als einjährig gezogene Kletterpflanze für Lauben, Zäune, Masten, Innenhöfe, Terrassen, Balkonabtrennungen usw.

Eigenschaften Hat einen hohen Nährstoffbedarf bis zum Blühbeginn, dann weniger düngen, damit die Pflanze nicht blühfaul wird. Schneckengefährdet, benötigt eine Kletterhilfe bei glatten Oberflächen. Eine Vorkultur ab Februar ist empfehlenswert, eine Überwinterung bei etwa 10 °C möglich. 1 Pfl./lfm.

Weitere Arten:

Gloxinienwinde
(Asarina barclaiana)

Rosa Trompetenwein
(Podranea ricasoliana),
nicht winterhart

Goldtrompete
(Allamanda cathartica),
nicht winterhart

Kulturpflanze Die Glockenrebe wurde 1789 aus ihrer mexikanischen Heimat in den Botanischen Garten Madrid gebracht und breitete sich fortan in der europäischen Gartenkultur aus. Die Sorte 'Alba' ist weiß blühend.

Vermehrung Aussaat der vorgequollenen Samen im Frühling, idealerweise mit Vorkultur im Haus.

Geeignete Partner Gloxinienwinde *(Asarina barclaiana)*, Klettergloxinie *(Lophospermum erubescens)*, Rosa Trompetenwein *(Podranea ricasoliana)*, Rosenkelch *(Rhodochiton atrosanguineus)*, Gregor-Thunbergie *(Thunbergia gregorii)*, Kletternde Kapuzinerkresse *(Tropaeolum peregrinum)*.

Nutzen

Wildtiere: Die Glockenrebe ist eine Fledermausblume. Anders als in Europa gibt es in den Tropen Fledermausarten, die sich von Nektar ernähren und dabei die Blüten bestäuben. In Mitteleuropa nutzen Bienen, Ameisen und andere Insekten den dargebotenen Nektar.

Grüne Tigerglocke

Codonopsis pilosula
(Glockenblumengewächs)

Blütezeit: Juni bis August

Steckbrief Bis zu 2,5 m hohe, sommergrüne Staude mit Pfahlwurzel und eiförmigen graugrünen Blättern, die nach einer Quetschung einen Stinktiergeruch erzeugen. Blüten groß, grünlich weiß, glockenförmig, grün geadert, mit eigenartigem Duft. Kelchblätter auffallend groß.

Standort & Boden Bevorzugt einen frischen, nährstoffreichen, kalkarmen, durchlässigen Boden und kühle, sonnige Lagen. In warmen Regionen sollte die Pflanze halbschattig gesetzt werden. Eignet sich für den Gehölzrand, Vorgarten, Zaun; kommt auch gut zwischen großen Steinen und auf erhöhten Plätzen, wo die interessanten Blüten besser sichtbar werden.

Eigenschaften Trockenheit lässt die Pflanze leiden, die rübenförmigen Wurzeln treiben bei genügend Feuchtigkeit wieder aus. Eine Frühlingspflanzung ist empfehlenswert. Kann im ersten Winter zurückfrieren, treibt aber aus dem Wurzelstock wieder aus. Schneckengefährdet. 1 Pfl./lfm.

Kulturpflanze Beheimatet in Ostasien. In Mitteleuropa nur selten im Pflanzenhandel erhältlich.

Vermehrung Durch Aussaat nach vorheriger Kältebehandlung der Samen im Frühling. Selbstaussaat.

Geeignete Partner Amerikanische Erdbirne *(Apios americana)*, Alpen-Waldrebe *(Clematis alpina)*, Gold-Waldrebe *(Clematis tangutica)*,

Weitere Arten:

Waldreben-Tigerglocke
(Codonopsis clematidea)

Üppiger Goldkelch
(Solandra maxima),
nicht winterhart

Jasminblüten-Nachtschatten
(Solanum jasminoides),
nicht winterhart

Waldreben-Tigerglocke *(Codonopsis clematidea)*, Baumschlinge *(Periploca graeca)*.

Nutzen

Wildgemüse. Der Wurzelstock soll roh oder gekocht als Gemüse essbar sein.
Arzneipflanze: Die Wurzeln werden medizinisch als Ginseng-Ersatz genutzt, die Pflanze wird in der TCM eingesetzt.
Wildtiere: Gute Bienenweide, vor allem Hummeln, Schwebfliegen und Bienen nutzen das Nahrungsangebot, aber auch zahlreiche andere Kleininsekten.

Immergrüner Spindelstrauch

Euonymus fortunei

(Baumwürgergewächs)

Blütezeit: Mai bis Juni

Steckbrief Immergrüner, aufsteigender oder kriechender Halbstrauch mit Kletterwurzeln, der je nach Sorte bis zu 10 m hoch werden kann. Blätter kahl, sitzend kurz gestielt. Blattspreite eiförmig bis elliptisch mit leicht gekerbtem bis gesägtem Rand. Blütenstände mit vierzähligen, unscheinbaren Blüten, diese etwa 5 mm im Ø.

Name Benannt zu Ehren des schottischen Botanikers und Pflanzensammlers Robert Fortune (1812–1880). Fortune sammelte nicht nur Wildpflanzen, sondern auch Teepflanzen und das Wissen über deren Anbau, um das chinesische Teemonopol brechen zu können. Er brachte Tausende Teepflanzen nach Indien, wo unter britischer Oberhoheit in Assam Tee kultiviert wurde, der später die ganze Welt eroberte.

Standort & Boden Für alle normalen Gartenböden in halbschattiger bis schattiger Lage, bei genügender Bodenfrische auch für sonnige Lagen. Eignet sich besonders zur Fassadenbegrünung, für Zäune, Pergolen usw., aber auch als Bodendecker und Grabschmuck geeignet.

Eigenschaften Ein Rückschnitt im Frühjahr bewirkt einen kompakteren Wuchs. Giftig. 2 Pfl./lfm. als Kletterpflanze, 16 Pfl./m² als Bodendecker.

Kulturpflanze 1804 aus seiner südostasiatischen Heimat nach Europa gekommen und anfänglich nur in den wärmeren Gebieten gezogen. Später wurde die Pflanze zusehends beliebter als Kletterpflanze, Bodendecker, Trogpflanze und Mauerbegrüner in verschiedenen, meist weiß oder gelb panaschierten Sorten wie 'Emerald'n Gold' oder 'Silverstone'.

Vermehrung Vor allem durch Stecklinge im Spätsommer oder durch Absenker.

Geeignete Partner Japanischer Spindelstrauch (*Euonymus japonicus* 'Marieke'), Gelbbunter Efeu (*Hedera helix* 'Aureovariegata'), Glanzmispel (*Photinia* 'Red Robin').

Nutzen

Wildtiere: Vögel wie Rotkehlchen und Kleinsäuger nutzen die Früchte der verschiedenen Spindelstrauch-Arten.

Weitere Arten:

Immergrüner Spindelstrauch
(*Euonymus fortunei* 'Emerald'n Gaiety')

Immergrüner Spindelstrauch
(*Euonymus fortunei* fo. *minimus*)

Japanischer Spindelstrauch
(*Euonymus japonicus*)

Steckbrief Ausdauernde, sommergrüne, bis 10 m hohe bzw. lange Kletterpflanze mit im unteren Teil verholzenden Stängeln. Blätter einfach, ganzrandig oder unregelmäßig gezähnt, Spreite eiförmig-lanzettlich. Blüten weiß, in end- und seitenständigen dichten, 20–50 cm langen Rispen. Früchte dunkelbraun glänzend.

Name Der Schling-Flügelknöterich, auch als Silberregen-Flügelknöterich bezeichnet, wird im Pflanzenhandel meist noch als *Polygonum aubertii* geführt, wenngleich dieser Name schon 1971 als ungültig erkannt wurde. Erstbeschreiber der Art ist Eduard August von Regel, der sie 1883 im heutigen Tadschikistan gesammelt hatte und ihr 1884 den Namen *Polygonum baldschuanicum* gab. 1899 erhielt Louis Henry von George Aubert Früchte aus Asien zugeschickt, aus denen er ein Pflanzenexemplar kultivierte. Die Beschreibung dieser Pflanze wurde 1907 unter dem Namen *Polygonum aubertii* von Henry veröffentlicht. Sowohl *Polygonum baldschuanicum* als auch *Polygonum aubertii* wurden 1971 durch Josef Holub zur Gattung *Fallopia* gestellt. Holub wies nach, dass beide Namen zur selben Art gehören und dass aufgrund der Prioritätsregel *Fallopia baldschuanica* regelgültig ist. Die Gattung ist zu Ehren des italienischen Arztes und Botanikers Gabriele Falloppio (1523–1562) benannt. Falloppio war zunächst Chorherr in Modena, kam 1548 nach seinem Medizinstudium als Dozent der Anatomie nach Pisa, lehrte ab 1552 Chirurgie und Pharmazie in Padua und gilt als Begründer der modernen Anatomie. Pharmazeutisch untersuchte er die Heilwirkung zahlreicher Pflanzen.

Standort & Boden Für jeden normalen Gartenboden in sonniger bis absonniger Lage. Besonders geeignet für die Begrünung von Sicht- und Schallschutzmauern, Gabionen und allgemein Flächen, die rasch begrünt werden sollen.

Eigenschaften Stadtklimafest, hitzeverträglich, mit hohem Ausschlagsvermögen und Ausbreitungswillen. Ein Rückschnitt im Frühjahr ist empfehlenswert, auch ein radikaler Rückschnitt wird vertragen. 1 Pfl./lfm.

Kulturpflanze Seit Ende des 19. Jahrhunderts in Mitteleuropa in der Garten- und Landschaftsgestaltung eingesetzt. Als schnell wachsende Pflanze wird sie auch vielfach zum Kaschieren von wenig geglückten Bauwerken herangezogen und trägt daher den Spitznamen „Architektentrost".

Vermehrung Durch Ableger im Sommer oder Stecklinge im Frühjahr. Keimfähige Samen werden in Mitteleuropa nicht gebildet.

Nutzen

Wildtiere: Gute Bienenweide und von Vögeln gerne angenommenes Nistgehölz. Häufigster Blütengast ist die Honigbiene, mehrfach wurden aber auch Großes Ochsenauge *(Manolia jurtina)* und Brauner Waldvogel *(Aphantopus hyperantus)* bei der Nektaraufnahme beobachtet.

Weitere Arten:

Rotfrüchtige Zaunrübe
(Bryonia dioica)

Stachelgurke
(Echinocystis lobata)

Amerikanischer Mondsame
(Menispermum canadense)

Schling-Flügelknöterich

Fallopia baldschuanica
(Syn.: *Polygonum aubertii*)
(Knöterichgewächs)

Blütezeit: Juli bis Oktober

Steckbrief Bis zu 20 m hoch kletternder Strauch, ohne Stütze auch bodendeckend wachsend. Stamm dicht mit Haftwurzeln besetzt. Blätter immergrün, oberseits glänzend; diejenigen der nicht blühenden Triebe unterscheiden sich von denen der blühenden Triebe. Blüten gelbgrün, kugelig angeordnet. Frucht blaugrün, später schwarz.

Standort & Boden Humose, frische Böden und halbschattige bis schattige Lagen sind die besten Voraussetzungen. Bei genügend Bodenfeuchte auch für sonnige Lagen geeignet. Eignet sich besonders zum Begrünen von Mauern, alten Bäumen und Fassaden, aber auch als Bodendecker.

Eigenschaften Verträgt Wurzeldruck, wärmeliebend, in der Austriebsphase frostempfindlich, verträgt sommerliche Hitzeperioden, stadtklimafest, industriefest, hohes Ausschlagsvermögen, langlebig, empfindlich gegenüber Bodenverdichtung. An Fassaden zeigt Efeu positive Wirkungen als Klimaregulator für die Innenräume, außerdem entzieht er dem Mauerwerk Wasser, weil sich die Wurzeln zumeist nahe der Mauer befinden. Giftig. 1,5 Pfl./lfm als Kletterpflanze, 16 Pfl./m² als Bodendecker.

Kulturpflanze Heimische Pflanze, in zahlreichen Sorten im Pflanzenhandel, so 'Little Diamond' als Zwergform oder 'Marginata Elegantissima' als schwachwüchsige Form mit panaschierten Blättern.

Vermehrung Am einfachsten durch Abtrennen von bewurzelten Ausläufern. Aussaat ist im Frühjahr oder Herbst möglich, Kopf- und Teilstecklinge die gesamte Vegetationsperiode über. Vermehrt sich selbst über Ausläufer und Samen.

Arzneipflanze Efeu wird bei Katarrhen der Atemwege und bei chronisch-entzündlichen Bronchialerkrankungen eingesetzt. Zahlreiche Fertigpräparate sind auf dem Markt.

Nutzen

Biologischer Pflanzenschutz: Efeutee hilft gegen Schorf. Dazu werden die Efeublätter klein geschnitten und mit heißem Regenwasser aufgegossen. Einen Tag lässt man das Ganze ziehen, bevor es verdünnt und vorbeugend über die Pflanzen aufgebracht wird.

Wildtiere: Gut 70 Insektenarten fliegen die Efeublüten an. Admiral und Distelfalter stärken sich noch einmal am Efeunektar, bevor sie ihre Reise in wärmere Länder antreten. Zumindest 27 Schmetterlings- und 16 Käferarten ernähren sich von Efeu. Efeupollen bevorzugt die Efeu-Seidenbiene *(Colletes hederae)*, die erst 1993 als Art beschrieben wurde. Die Blüten sondern reichlich Nektar ab, der offen dargeboten wird und allen Insekten zugänglich ist. Vor allem Honigbienen, Schwebfliegen, Wespen, Schmetterlinge und Seidenbienen sind regelmäßig an den spät im Jahr erscheinenden Blüten zu beobachten.

Futterpflanze unter anderem für die Raupen von Faulbaum-Bläuling *(Celastrina argiolus)* und Nachtschwalbenschwanz *(Ourapteryx sambucaria)*, außerdem vom Mattschwarzen Blütenbock *(Grammoptera ruficornis)*.

Wertvolles Nistgehölz und Nährgehölz für Vögel. 14 heimische Vogelarten, darunter Amsel, Misteldrossel, Rotkehlchen, Grasmücke und Sprosser, nutzen die Früchte.

Efeu im Frühling

Efeu im Herbst

Efeu im Winter

Efeu

Hedera helix
(Araliengewächs)

Blütezeit: August bis Oktober

Hopfen

Humulus lupulus
(Hanfgewächs)

Blütezeit: Juli bis August

Steckbrief Bis 6 m hohe, langlebige, zweihäusige, sommergrüne Kletterstaude mit 3- bis 5-teiligen Blättern und unscheinbaren grünen Blüten. Der ♀ Blütenstand vergrößert sich postfloral.

Standort & Boden Bevorzugt frische bis feuchte, lehmige, nährstoffreiche Böden und halbschattige Standorte, bei genügend gleichmäßiger Feuchtigkeit auch sonnige Lagen. Geeignet zum Beranken von Lauben, Zäunen, Fassaden usw.

Eigenschaften Schnellwüchsig, bei trockenem Standplatz anfällig für Mehltau. Der Rückschnitt bis zum Boden erfolgt im zeitigen Frühjahr, auch im Sommer kann im Bedarfsfall zurückgeschnitten werden. 1 Pfl./lfm.

Kulturpflanze Heimische Pflanze, eine weibliche Sorte mit ansehnlichen Fruchtzapfen ist 'Northern Brew', gelbgrünes Laub zeigt 'Aureus'.

Vermehrung Am einfachsten durch Abtrennen der bewurzelten Ausläufer. Dabei sollten vor allem weibliche Pflanzen vermehrt werden, die durch ihre Zapfen zieren.

Geeignete Partner Gewöhnliche Waldrebe *(Clematis vitalba)*, Italienische Waldrebe *(Clematis viticella)*.

Nutzen

Wildgemüse: Die jungen Triebe werden als „Hopfenspargel" im Frühling geerntet und roh als Salat oder gekocht in Gemüsegerichten genossen. Männliche Blüten können gedünstet serviert werden, weibliche Blüten eignen sich zur Bereitung von Teegetränken und zum Aromatisieren von Süßspeisen.

Arzneipflanze: Die weiblichen Hopfenzapfen enthalten unter anderem die Bittersäure Lupulon, die antibiotisch wirkt und dem Bier seinen Geschmack verleiht. Sowohl in der Volksmedizin als auch in der Schulmedizin wird Hopfen als Beruhigungsmittel eingesetzt, vor allem bei innerer Unruhe, Angstzuständen und Schlafstörungen. In der Aromatherapie setzt man Hopfenkissen bereits seit dem 18. Jahrhundert ein.

Wildtiere: Bienenweide. Raupen-Futterpflanze unter anderem für Violettbraune Erdeule *(Ochropleura plecta)* und C-Falter *(Polygonia c-album)*.

Laub

männliche Blüten

Zierform 'Aureus'

Steckbrief Bis zu 12 m hohe, sommergrüne Kletterpflanze mit Haftwurzeln an den jüngeren Trieben. Blätter eiförmig, groß, mit gelbem Herbstlaub. Blütenstände außen mit sterilen weißen Schaublüten und innen mit fruchtbaren, unscheinbaren Blüten.

Name Bei der Pflanzenbenennung für die Hortensie kennt die Literatur verschiedene Erklärungen, wobei es sich bei fast allen um eine Dame des 18. Jahrhunderts handelt. Jeanne Baret, die Geliebte von Philibert Commerson, die er „Hortense" nannte, wird hier angegeben, genauso wie die Astronomin Hortense Lapeaute oder Hortense de Nassau, Tochter des Prinzen von Nassau.

Standort & Boden Braucht humosen, frischen, kalkarmen bis kalkfreien Boden und halbschattige bis schattige Lagen. Eignet sich besonders für Fassaden, Lauben, Carports und Mauern.

Eigenschaften Stadtklimafest, schattenverträglich, hält den Wurzeldruck größerer Bäume aus. Dank ihrer Haftwurzeln kann sich die Pflanze auf rauen Oberflächen ohne Rankhilfe festhalten. Sie braucht einige Jahre, um das erste Mal zu blühen. Etwaig notwendige Schnittmaßnahmen sollten im zeitigen Frühjahr vorgenommen werden. Leicht giftig. 0,75 Pfl./lfm.

Kulturpflanze Beheimatet in Japan, Korea und Taiwan, 1865 nach Europa gekommen. In mehreren Sorten wie 'Cordifolia' mit kleinen Blättern, 'Miranda' mit gelb-grünem Laub, 'Semiola' mit bronzefarbenem Austrieb und fast immergrünem Laub und 'Silver Living' mit weiß-grünem Laub im Pflanzenhandel.

Vermehrung Durch Ableger im Frühling oder Stecklinge im Frühsommer.

Geeignete Partner Fingerblättrige Akebie *(Akebia quinata)*, Berg-Waldrebe *(Clematis montana)*, Efeu *(Hedera helix)*.

Nutzen
Wildtiere: Bietet Vögeln wie Grauschnäpper, Kleiber, Zeisig, Amsel, Zaunkönig, Grünfink, Kohlmeise oder Blaumeise Schlaf-, Nist- und Futterplätze.

Kletter-Hortensie *in Blüte*

Kletter-Hortensie *verblüht*

Kletter-Hortensie *mit Herbstlaub*

Kletter-Hortensie

Hydrangea petiolaris
(Hortensiengewächs)

Blütezeit: Mai bis Juni

Purpur-Prunkwinde

Ipomoea purpurea
(Windengewächs)

Blütezeit: Juli bis Oktober

Steckbrief Bis zu 3 Meter hohe Einjährige mit einfachen bis dreigelappten Blättern und großen, trichterförmigen, purpurvioletten Blüten, die bis zum frühen Nachmittag geöffnet sind und sich dann schließen.

Standort & Boden Bevorzugt nährstoffreiche, humose, kalkhaltige Böden und sonnige bis halbschattige, windgeschützte Lagen. Eignet sich besonders für Balkone, Tröge, Spaliere und Zäune.

Eigenschaften Überdüngte Pflanzen werden blühfaul und bilden nur noch reichlich Blätter aus. Giftig. 1,5 Pfl./lfm.

Kulturpflanze Beheimatet im tropischen und subtropischen Amerika, Ende des 16. Jahrhunderts als Zierpflanze in den Niederlanden eingeführt. 1594 wurde sie im Botanischen Garten Leiden kultiviert, 1613 findet sie sich bereits vom Hortus Eystettensis angegeben. Seit Mitte des 18. Jahrhunderts sind verschiedene Farbformen bekannt, und im 19. Jahrhundert zählt die Purpur-Prunkwinde zu den verbreiteten Zierpflanzen in Mitteleuropa. Auch gegenwärtig wird sie in mehreren Sorten wie 'Wetterleuchten' mit schwarzvioletten Blüten oder 'Carnevale di Venezia' mit mehrfarbigen Blüten kultiviert.

Weitere Arten:

Himmelblaue Prunkwinde
(Ipomoea tricolor)

Purpurrote Prunkwinde
(Ipomoea tricolor 'Crimson Rambler')

Sternwinde
(Ipomoea lobata)

Charles Darwin führte in seinem Gewächshaus Versuche mit der Purpur-Prunkwinde durch, um die Fitness der Nachkommen von Inzucht und Auskreuzung zu vergleichen. *Ipomoea purpurea* zeigte bei Inzucht eine um rund ein Viertel geringere Wuchsleistung, und dies überraschenderweise bereits ab der ersten Generation.

Vermehrung Durch Aussaat, idealerweise mit Vorkultur im Haus und Auspflanzen im April oder Mai.

Geeignete Partner Himmelblaue Prunkwinde *(Ipomoea tricolor)*, Schwarzäugige Susanne *(Thunbergia alata)*, Schlangenhaargurke *(Trichosanthes cucumerina)*, Kletternde Kapuzinerkresse *(Tropaeolum peregrinum)*.

Nutzen
Wildtiere: Nahrungspflanze für Insekten.

Steckbrief Bis 3 m hohe, sommergrüne Liane mit am Triebende stängelumfassenden Blättern. Blüten zu etwa einem Dutzend in quirlartigen Blütenständen, außen zinnoberrot, innen orange, trompetenförmig, dezent duftend.

Name Benannt ist die Gattung zu Ehren des deutschen Naturforschers, Arztes und Botanikers Adam Lonitzer (1528–1586). Der Hybridname geht auf die Gärtnersfamilie Brown aus dem englischen Slough zurück.

Standort & Boden Bevorzugt frische, nährstoffreiche, humose, kalkhaltige Böden und sonnige bis halbschattige, windgeschützte Lagen. Eignet sich besonders um den Gartensitzplatz, wo man abends gerne zusammenkommt und der abendliche Duft der Blüten vernehmbar ist. Weiterhin für Maschendrahtzäune, Carports, Pergolen und alte Bäume.

Eigenschaften Wärmeliebend, frosthart, lausanfällig. Wächst in den ersten Jahren langsam. Giftig. 1,25 Pfl./lfm.

Kulturpflanze Gärtnerische Hybride, die vor 1853 aus den beiden im östlichen Nordamerika heimischen Arten *Lonicera hirsuta* und *L. sempervirens* entstand und sich vor allem in der Sorte 'Dropmore Scarlet', die vor 1950 in Kanada ausgelesen wurde, im Pflanzenhandel befindet. 'Fuchsioides' hat scharlachrote Blüten.

Vermehrung Am besten durch Ableger. Stecklingsvermehrung ist von Juni bis August möglich.

Geeignete Partner Spitzblättrige Kiwi *(Actinidia pilosula)*, Riesenblättrige Scheinrebe *(Ampelopsis megalophylla)*, Duft-Waldrebe *(Clematis terniflora)*, Kletterschneeball *(Pileostegia viburnoides)*, Rostrote Zierrebe *(Vitis coignetiae)*, Seidenhaar-Glyzinie *(Wisteria brachybotrys)*.

Nutzen

Wildtiere: Geißblätter sind Futterpflanzen für die Raupen von besonders schönen und seltenen Schmetterlingen wie Hummelschwärmer, Fliederspanner, Maivogel, Kleinem Eisvogel, Blauschwarzem Eisvogel und Augsburger Bär. Der reichlich dargebotene Nektar ist nur für Insekten mit langem Rüssel erreichbar. Die Blüten beginnen abends zu duften und stellen sich waagrecht, sodass die vor ihnen im Schwebflug verharrenden Schwärmer den Nektar bequem erreichen können. Als Bestäuber stellen sich vor allem Windenschwärmer, Ligusterschwärmer und Kiefernschwärmer ein.

Weitere Arten:

Echtes Geißblatt
(Lonicera caprifolium)

Wald-Geißblatt
(Lonicera periclymemum 'Graham Thomas')

Gold-Geißblatt
(Lonicera ×tellmanniana)

Trompeten-Geißblatt

Lonicera ×brownii
(Geißblattgewächs)

Blütezeit: Juni bis September

Steckbrief Mehrjährige, bei uns meist einjährig gezogene Staude mit knollenartig verdickten Wurzeln. Pflanze bis zu 3 m hoch kletternd. Blätter sommergrün, 3- bis 5-lappig; wenn man darüberstreicht, verbreiten sie einen zarten Moschusduft. Blüten klein, gelb, weibliche und männliche Blüten getrennt, aber auf derselben Pflanze. Früchte 2–3 cm lang, eiförmig, grün mit weißgrüner Zeichnung.

Standort & Boden Bevorzugt nährstoffreiche, humose, frische Böden und sonnige Standorte. Eignet sich besonders für Balkone, Terrassen, Hochbeete, Maschendrahtzäune, Gabionen und Rosenbogen.

Eigenschaften Wächst anfangs langsam, später aber umso rascher. Mehltauanfällig, kälteempfindlich. Die dicke Speicherwurzel kann in Sand kühl und dunkel überwintert werden und bringt im nächsten Jahr noch reichere Ernte. Fremdbestäuber, nur mit Insektenbesuch bilden sich die Früchte. 2 Pfl./lfm.

Kulturpflanze Beheimatet im tropischen Amerika. Bei uns zunehmend aufgrund des deutlichen Knackgeräusches beim Reinbeißen und als gesunde Nascherei beliebt.

Vermehrung Durch Aussaat im Frühjahr. Vorkultur im Haus ist empfehlenswert.

Geeignete Partner Inkagurke *(Cyclanthera pedata)*, Flügelgurke *(Luffa acutangula)*, Bittermelone *(Momordica charantia)*, Quetschgurke *(Thladiantha dubia)*, Schlangenhaargurke *(Trichosanthes cucumerina)*, Große Kapuzinerkresse *(Tropaeolum majus)*.

Nutzen

Wildgemüse: Die kleinen Früchte schmecken wie Gurken, aber säuerlicher. Sie werden den ganzen Sommer durchgehend gebildet und sollten jung geerntet werden. Sie können roh als gesunde Knabberei anstatt von Chips oder aber sauer eingelegt gegessen werden. Vollreife Minigurken sind geschmacklich uninteressant.

Weitere Arten:

Antillen-Gurke
(Cucumis anguria)

Karden-Gurke
(Cucumis dipsaceus)

Gemüse-Gurke
(Cucumis sativus)

Mexikanische Zwerggurke

Melothria scabra
(Kürbisgewächs)

Blütezeit: Juni bis September

Dreispitzige Jungfernrebe

Parthenocissus tricuspidata
(Weingewächs)

Blütezeit: Juli

Steckbrief Bis zu 20 m hoher, sommergrüner Kletterstrauch mit Haftscheiben. Blätter frischgrün, dreilappig, im Herbst sich leuchtend rot färbend. Blüten unscheinbar. Früchte blauschwarz, für Menschen ungenießbar.

Name „Mauerkatze" und „Veitchi" sind gängige Volksnamen für die Art. Mauerkatze, so schreibt Marzell, weil sich die Ranken mit ihren Haftscheiben am Gemäuer halten wie eine Katze am rauen Putz.

Standort & Boden Bevorzugt frische, nährstoffreiche, kalkhaltige Böden und sonnige bis halbschattige, windgeschützte Standorte. Vor allem zur Fassadenbegrünung geeignet.

Eigenschaften Selbstklimmer. Die Pflanze sondert Kalziumkarbonat ab, das wie ein Klebeband wirkt und ihr die Möglichkeit gibt, sich ohne Rankgerüst an einer Mauer oder Fassade zu halten. Die Haftscheiben haften nur oberflächlich am Untergrund an, ohne ihn zu beschädigen. Wärmeliebend, stadtklimafest und rauchhart. Leicht giftig. 1,5 Pfl./lfm.

Kulturpflanze Um die Mitte des 19. Jahrhunderts brachten Philipp Franz von Siebold und Joseph Gerhard Zuccarini die Pflanze von ihrer ostasiatischen Heimat nach Europa, kurze Zeit danach auch der britische Gärtner und Pflanzensammler John Gould Veitch (1839–1870). Schon bald nach ihrer Ankunft war die Pflanze ein Verkaufsschlager im Programm der Gartenbaufirma Veitch & Sons in

Weitere Arten:

Dreispitzige Jungfernrebe
(Parthenocissus tricuspidata),
Herbstfärbung

Wilder Wein
(Parthenocissus quinquefolia)

Wilder Wein
(Parthenocissus quinquefolia),
Herbstfärbung

Exeter und wurde als eigene Art *Ampelopsis veitchii* beschrieben. Heute gilt sie höchstens als Sorte von *P. tricuspidata*, der Ausdruck „Veitchi" hat sich aber bis heute gehalten.

Vermehrung Im Pflanzenhandel oft auf *Parthenocissus inserta* aufgepfropft zu finden, weil der Wilde Wein wuchskräftiger und kälteverträglicher als die Dreispitzige Jungfernrebe ist.

Geeignete Partner Efeu *(Hedera helix)*, Selbstklimmender Wilder Wein (*Parthenocissus quinquefolia* s.str.).

Nutzen

Wildtiere: Insektenweide. Die durchwegs kleinen Insekten locken wiederum Fledermäuse an, die besonders gerne Stechmucken fressen.

Blaue Passionsblume

Passiflora caerulea
(Passionsblumengewächs)

Blütezeit: Mai bis Juli,
Nachblüten bis in den Herbst

Steckbrief Ausdauernde Kletterpflanze mit gestielten, 3- bis 9-lappigen Blattspreiten und großen, mehrfarbigen Blüten mit einem Durchmesser von 6 bis 9 cm. Kelch- und Kronblätter je 5, darüber ein intensiv gefärbter Strahlenkranz und das Nektarium. Die Frucht ist eiförmig, bis 6 cm lang und reif orangefarben.

Standort & Boden Bevorzugt nährstoffreiche, durchlässige, kalkarme Böden und geschützte, sonnige, warme Standorte. Vor allem für Innenhöfe und Vorgärten geeignet.

Eigenschaften Anfällig für Spinnmilben, der Boden sollte im Winter mit Reisig oder Laub geschützt sein, eine Frühlingspflanzung ist notwendig. Giftig, bis auf die Früchte. 1 Pfl./lfm.

Kulturpflanze Beheimatet im nördlichen Argentinien, im südlichen Brasilien und in Paraguay. Seit spätestens 1699 in gärtnerischer Kultur. Im Pflanzenhandel finden sich zahlreiche Hybriden mit Beteiligung der Blauen Passionsblume, so mit *Passiflora quadrangularis*, *P. alata*, *P. incarnata*, *P. loefgrenii*, *P. amethystina* und *P. racemosa*. 'Purple Haze' ist eine Hybride aus *P. caerulea* × *P. amethystina* mit purpurvioletten Blüten, 'Constanze Elliot' eine weiße, stark duftende Sorte, die von Kucombe & Prince im britischen Exeter ausgelesen wurde. *P. caerulea* wird bei der Hybridisierung meist als männlicher Elternteil genutzt. Durch den Einsatz von Colchicin, dem Gift der Zeitlose *(Colchicum)*, konnten Sorten mit noch größeren Blüten erzeugt werden. Im Obstbau wärmerer Regionen dient *P. caerulea* als relativ widerstandsfähige Unterlage für die Maracuja *(Passiflora edulis)*.

Vermehrung Durch Wurzelschnittlinge, Blattaugenstecklinge oder Kopfstecklinge, auch Aussaat ist möglich.

Geeignete Partner Buntblättrige Kiwi *(Actinidia kolomikta)*, Großsamige Kiwi *(Actinidia macrosperma)*, Colvill-Passionsblume (*Passiflora ×colvillii* = *P. caerulea* × *P. incarnata*), Gefranste Passionsblume *(Passiflora incarnata)*, Gelbe Passionsblume *(Passiflora lutea)*, Argentinische Passionsblume *(Passiflora tucumanensis)*.

Nutzen

Wildobst: Die Früchte sind essbar, aber nicht so schmackhaft wie die der verwandten Maracuja *(Passiflora edulis)*.

Weitere Arten:

Blaue Passionsblume
(Passiflora caerulea cvar.)

Passionsblume 'Incense'
(Passiflora cinnicata × incarnata)

Rosa Passionsblume
(Passiflora violacea)

Steckbrief Bis zu 8 m hoch windendes, sommergrünes Gehölz mit eiförmigen, dunkelgrünen, oberseits glänzenden Blättern und duftenden, purpurvioletten, am Kronblattrand grünlichen Blüten.

Standort & Boden Bevorzugt humose, frische, nährstoffreiche Böden und wärmebegünstigte, sonnige bis absonnige Standorte. Eignet sich als ausgefallene, duftende Pflanze besonders zur Berankung von Sitzlauben und für alte Gebäude.

Eigenschaften Kann in strengen Wintern oberirdisch zurückfrieren, treibt dann aber verlässlich aus dem Stock wieder aus. Eine Düngung im Frühling und Sommer lässt die von Natur aus wüchsige Pflanze noch stärker wachsen und blühen. Giftig. 0,7 Pfl./lfm.

Kulturpflanze Beheimatet im östlichen Mittelmeergebiet von Italien bis in die Kaukasus-Region. Seit spätestens 1597 in gärtnerischer Kultur. Früher als Zierpflanze zur Bekleidung von Mauern, Säulen usw. verwendet, dann in Vergessenheit geraten und gegenwärtig wieder etwas häufiger im Pflanzenhandel zu finden.

Vermehrung Durch Stecklinge im Frühsommer oder Aussaat im Frühling, wobei die Samen zuvor mehrere Stunden vorgequellt werden sollten.

Weitere Arten:

Lianen-Schwalbenwurz
(Cynanchum acutum)

Japanische Baumschlinge
(Metaplexis japonica)

Bittersüßer Nachtschatten
(Solanum dulcamara)

Orientalische Baumschlinge

Periploca graeca
(Hundsgiftgewächs)

Blütezeit: Juni bis Juli

Geeignete Partner Ussuri-Scheinrebe *(Ampelopsis brevipedunculata)*, Immergrüne Waldrebe *(Clematis armandii)*, Italienische Waldrebe *(Clematis viticella)*, Japanischer Kokkelstrauch *(Cocculus orbiculatus)*, Japanische Baumschlinge *(Metaplexis japonica)*, Chinesischer Mondsame *(Sinomenium acutum)*, Sternjasmin *(Trachelospermum jasminoides)*.

Nutzen

Wildtiere: Nahrung für Insekten.

Steckbrief Bis 3 m hohe, in Mitteleuropa nicht winterharte Staude mit geteilten Blättern und rauten- bis eiförmigen Teilblättern. Blüten scharlachrot oder weiß, zweiseitig-symmetrisch. Fruchthülsen hängend, teilweise rot oder violett gefleckt. Samen nierenförmig, groß, 1,3–2,5 cm lang, violett bis rotbraun, mit dunklerer Marmorierung und Scheckung.

Standort & Boden Für jeden normalen, gern humusreichen Gartenboden in sonniger Lage mit Rankmöglichkeit. Wer sehr lehmige Böden im Garten hat, sollte Bohnen auf Dämmen aussäen. Dazu formt man niedrige Dämme im Abstand von etwa 30 cm, füllt den Zwischenraum mit Komposterde und legt die Saatbohnen, 3–4 Stück alle 30 cm, aus. Die Feuerbohne eignet sich auch als beerntbarer Sichtschutz für Terrasse und Balkon.

Eigenschaften Giftig, nicht aber die gekochten Früchte. 3 Pfl./lfm.

Kulturpflanze Die Feuer-Bohne soll 1635 durch den holländischen Admiral Hains nach Europa gekommen sein. 1654 kannte man in Königsberg bereits mehrere Spielformen. Dank ihrer Robustheit wird die Feuer-Bohne auch noch in den Alpentälern bis in die montane Stufe hinauf kultiviert.

Vermehrung Erfolgt am besten durch Direktaussaat oder Vorkultur im Haus. Zuvor sollte das Saatgut 24 Stunden in lauwarmem Wasser vorgequollen werden.

Geeignete Partner Helmbohne *(Lablab purpureus)*, Busch-Bohne *(Phaseolus vulgaris)*, Goabohne *(Psophocarpus tetragonolobus)*, Augenbohne (*Vigna unguiculata* subsp. *unguiculata*), Spargelbohne (*Vigna unguiculata* subsp. *sesquipedalis*).

Nutzen

Boden: Ihr tief reichendes Wurzelwerk lockert den Boden und reichert ihn dank der Knöllchenbakterien mit Nährstoffen an. Nach der Ernte sollte die Wurzel der Pflanze daher im Boden bleiben, weil ein Teil des angesammelten Stickstoffs erst nach dem Zersetzen frei wird.

Gemüse: Gemüse- und Zierpflanze. Die Samen haben einen hohen Eiweißgehalt und enthalten essenzielle Aminosäuren.

Wildtiere: Wertvolle Insektennährpflanze, insbesondere für Hummeln.

Weitere Arten:

Busch-Bohne
(*Phaseolus vulgaris* 'Cosse Violette')

Buschklee
(*Lespedeza thunbergii*)

Augenbohne
(*Vigna unguiculata*)

Käfer-Bohne

Phaseolus coccineus
(Hülsenfrüchtler)

Blütezeit: Juni bis August

Kletterrose

***Rosa* spec.**
(Rosengewächs)

Blütezeit: je nach Sorte von Mai bis Oktober

Steckbrief Je nach Sorte 2 bis 12 m hoher, sommergrüner, tief wurzelnder Strauch mit gefiederten Blättern und eiförmigen, oberseits dunkelgrünen, glänzenden Blättchen. Blüte je nach Sorte in unterschiedlichen Farben, oft duftend.

Standort & Boden Für jeden normalen, humoslehmigen Gartenboden in sonniger bis halbschattiger Lage. Eignet sich für Fassaden, Pergolen, Rosenbögen, abgestorbene Bäume usw.

Eigenschaften Verträgt Einschüttungen mit lockerem Material. Einmal blühende Kletterrosen schneidet man einmal im Jahr, zwei- oder mehrmals im Jahr blühende Sorten zweimal. 1 Pfl./lfm.

Kulturpflanze In vielen Sorten und unterschiedlichsten Farben, so 'Veilchenblau' mit einfachen, duftenden violetten Blüten oder 'Ghislaine de Feligonde' mit halbgefüllten, duftenden pfirsichfarbenen Blüten.

Vermehrung Kletterrosen werden durchwegs veredelt, können aber auch durch Steckhölzer im Winter und Stecklinge im Hochsommer vermehrt werden.

Geeignete Partner Berg-Waldrebe *(Clematis montana)*, Gold-Geißblatt *(Lonicera tellmanniana)*, Echter Wein *(Vitis vinifera)*.

Rosa cvar. 'Flammentanz'

Bienen freuen sich über den Pollen

Reiche Ernte von der Hauswand

Nutzen

Wildtiere: Ungefüllte oder halbgefüllte Rosen bieten reichlich Pollen, aber keinen Nektar. Oft auf Rosenblüten zu beobachten ist der Goldglänzende Rosenkäfer *(Cetonia aurata)*. Kreisrunde Stücke aus den Blättern schneiden Blattschneiderbienen der Gattung *Megachile*. Rosen sind Raupen-Futterpflanze unter anderem für Marmoriertes Gebüscheulchen *(Elaphria venustula)*, Baum-Weißling *(Aporia crataegi)*, Pfeileule *(Acronicta psi)* und Brombeerspinner *(Macrothylacia rubi)*. 27 Vogelarten nutzen die Hagebutten, darunter Amsel, Drossel, Seidenschwanz, Kernbeißer, Fink, Meise und Rotkehlchen, genauso wie 28 Säugetiere, darunter Baumschläfer, Steinmarder und Igel.

Chinesisches Spaltkörbchen

Schisandra chinensis

(Sternanisgewächs)

Blütezeit: Mai bis Juni

Steckbrief Bis etwa 10 m hohe, verholzte Kletterpflanze mit sommergrünen, eiförmigen, sich im Herbst gelb färbenden Blättern und duftenden cremefarbenen Blüten. Früchte rot, in hängenden, ährenartigen Trauben.

Standort & Boden Bevorzugt humose, nährstoffreiche, frische, kalkarme Böden und kühle, halbschattige bis absonnige Standorte. Eignet sich u. a. für das Beranken von Lauben, Zäunen, Fassaden und für den Obstgarten.

Eigenschaften Eine anfängliche Hilfe durch Anbinden ist empfehlenswert. Durch Schnecken gefährdet. 1 Pfl./lfm.

Kulturpflanze Ostasiatische Art, im Pflanzenhandel vor allem mit selbstfruchtbaren Sorten wie 'Eastern Prince' oder 'Take 5'.

Vermehrung Durch Abtrennen von Wurzelschösslingen oder Absenker. Auch Stecklingsvermehrung im Frühling ist möglich.

Geeignete Partner Zwerg-Kiwi *(Actinidia arguta)*, Akebie *(Akebia quinata)*, Rostrote Weinrebe *(Vitis coignetiae)*.

Nutzen

Wildobst: An Inhaltsstoffen kennt man in den Früchten neben einem hohen Gehalt an den Vitaminen C, B_6 und E Carotinoide, ätherische Öle und sekundäre Pflanzenstoffe wie Flavonoide und Lignane. Die Früchte schmecken frisch eigenartig, zugleich süß, sauer, scharf, salzig und bitter, getrocknet ähnlich Wacholder.

Arzneipflanze: Den Inhaltsstoffen der Art wird eine regenerierende und leistungsstärkende Wirkung zugeschrieben, in der chinesischen Heilkunde darüber hinaus noch zahlreiche weitere Wirkungen, beispielsweise als Aphrodisiakum.

Weitere Arten:

Großblütiges Spaltkörbchen *(Schisandra grandiflora)*

Raue Stechwinde *(Smilax aspera)*

Bittersüßer Nachtschatten *(Solanum dulcamara)*

Steckbrief Rasch wachsende, mehrjährige, in Mitteleuropa meist einjährig gezogene Kletterpflanze mit großen schildförmigen bis gelappten Blättern. Weibliche und männliche, weiße bis cremefarbene Blüten finden sich auf einer Pflanze. Die großen, bis zu 20 cm langen, ei- bis birnenförmigen Früchte hängen meist unter dem Laub, ihre Oberfläche kann glatt, schrumpelig oder stachelig sein. Jede Frucht hat – eine Besonderheit unter den Kürbisgewächsen – nur einen Kern.

Name Chayote ist die spanische Bezeichnung der Frucht, die übersetzt „stacheliger Kürbis" bedeutet. Ein geläufiger Trivialname lautet Stachelgurke.

Standort & Boden Bevorzugt nährstoffreiche, durchlässige, humose Böden und warme Standorte. Sie eignet sich besonders für Zäune, Rosenbögen, Lauben, Balkone, Terrassen und den Gemüsegarten.

Eigenschaften Kälteempfindlich, als Starkzehrer und Wucherer sind Düngegaben empfehlenswert. Ein gelegentlicher Rückschnitt macht die Pflanze kompakter und weniger anfällig für Pilzkrankheiten. 0,75 Pfl./lfm.

Kulturpflanze Beheimatet im tropischen und subtropischen Amerika. Im kühleren Mitteleuropa haben sich Sorten mit stacheliger Frucht besser bewährt als glattschalige Sorten.

Vermehrung Die Pflanze keimt schon bald nach der Fruchtreife, oft noch an der Mutterpflanze. Die Frucht braucht nur auf die Erde gelegt zu werden, am besten nahe eines Maschendrahtzaunes oder einer anderen Kletterhilfe. Vorkultur im Haus ab Februar ist möglich.

Geeignete Partner Gemüse-Gurke *(Cucumis sativus)*, Mexikanische Zwerggurke *(Melothria scabra)*, Schlangenhaargurke *(Trichosanthes cucumerina)*.

Nutzen

Wildgemüse: Essbar sind alle Teile, meist wird allerdings das Fruchtfleisch gekocht verwendet. Wegen ihres neutralen Geschmacks dient die Chayote vorwiegend als Beilage, die Frucht sollte im noch harten, nicht vollreifen Zustand geerntet werden. Die Chayote ist kalorienarm, aber reich an Aminosäuren, Vitamin A, Kalzium, Kalium und Eisen. Aus den Blättern kann Spinat oder Suppengemüse hergestellt werden. Frucht und Kraut sind nur kurz haltbar, weshalb immer frisch geerntet werden sollte.

Blüte

Frucht

Kultur

Chayote

Sechium edule
(Kürbisgewächs)

Blütezeit: je nach Kulturform
Juni bis August

Steckbrief Bis 4 m hochrankende oder weit kriechende, zweihäusige, sommergrüne, zottig behaarte Ausdauernde. Grundachsen mit kartoffelähnlichen Wurzelknollen. Ranken einfach, wie die Blätter weichhaarig. Blattspreiten im Umriss breit-oval, am Grund herzförmig, vorne zugespitzt, gekerbt. Blüten gelb, glockenförmig, einzeln in den Blattachseln. Frucht (in Mitteleuropa selten fruchtend) länglich eiförmig, bis 5 cm lang, behaart, fleischig, im Reifezustand dunkelrot.

Standort & Boden Bevorzugt nährstoffreiche, lehmig-humose Böden und sonnige bis absonnige Standorte. Geeignet zum Beranken von Lauben, Mauern, Balkonen, alten Bäumen, Masten usw. Auch als Bodendecker für ehemalige Kompost- oder Misthaufen verwendbar.

Eigenschaften Frohwüchsig und ausbreitungsfreudig. 1 Pfl./lfm.

Kulturpflanze 1831 entdeckte der deutsch-russische Naturforscher Alexander von Bunge (1803–1890) auf einer Forschungsreise durch das nördliche China die Pflanze. Zuerst kam sie in den Botanischen Garten Moskau, 1868 taucht sie auch im Inventar des Berliner Botanischen Gartens auf. Im Pflanzenhandel findet sich die Art auch unter Namen wie Knollengurke oder Manchu.

Vermehrung Durch Abtrennen von Tochterknollen.

Geeignete Partner Flügelgurke *(Luffa acutangula)*, Schwammgurke *(Luffa aegyptiaca)*, Bittermelone *(Momordica charantia)*.

Nutzen

Wildgemüse: Früchte und Wurzelknollen sind essbar. Weibliche Pflanzen bilden auch ohne männliche Pflanzen süß schmeckende Früchte aus, allerdings ohne keimfähigen Samen. Die Knollen schmecken leicht bitter und sollten erst im Frühling geerntet werden.

Weitere Arten:

Flügelgurke *(Luffa acutangula)*

Mexikanische Zwerggurke *(Melothria scabra)*

Bittermelone *(Momordica charantia)*

Quetschgurke

Thladiantha dubia
(Kürbisgewächs)

Blütezeit: Juni bis August

Schwarzäugige Susanne

Thunbergia alata
(Akanthusgewächs)

Blütezeit: Juni bis Oktober

Steckbrief Bis 3 m hohe, mehrjährige (aber in Mitteleuropa meist einjährig kultivierte), sommergrüne Staude mit eiförmigen Blättern und je nach Sorte orangefarbenen, gelben, rosa, weißen oder roten Blüten mit schwarzem Schlund, bei neueren Sorten oft auch ohne schwarze Mitte.

Name Benannt zu Ehren des schwedischen Botanikers, Arztes und Naturforschers Carl Peter Thunberg (1743–1828). Thunberg war Professor der Medizin und Botanik in Uppsala und Leiter des dortigen Botanischen Gartens in Nachfolge von Carl Linné filius. Er reiste und sammelte in Südafrika und Japan, wohin er die westliche Medizin brachte, fuhr als Schiffsarzt mit der niederländischen Ostindien-Kompanie zunächst ans Kap, dann weiter nach Java, arbeitete ab 1776 in der Niederlassung Deshima vor Nagasaki als Chirurg, konnte trotz der japanischen Abschottung zu den Europäern einige Kontakte knüpfen und auf einer Reise nach Edo (Tokio) eigene Beobachtungen festhalten, über die er später schrieb. Auch eine „Flora Japonica" stammt von Thunberg.

Standort & Boden Bevorzugt humus- und nährstoffreiche Erde und einen vor Wind und Regen geschützten, warmen, vollsonnigen Standort. Gerne verwendet zur Verschönerung von Sichtschutzzäunen, Terrassen, Balkonen und Carports, aber auch für Blumenkästen und Ampeln.

Eigenschaften Schlinger, der angebunden werden sollte. Regelmäßige Düngegaben sind für eine Dauerblüte notwendig. Ein Schnitt fördert einen

Weitere Arten:

Schwarzäugige Susanne
(*Thunbergia alata* 'Blushing Susie')

Schwarzäugige Susanne
(*Thunbergia alata* 'Pink Surprise')

Gregor-Thunbergie
(*Thunbergia gregorii*)

kompakten Wuchs und eine reiche Blüte. Kälteempfindlich, überwinterte Pflanzen sind durchwegs blühfauler, weshalb sich der Aufwand meist nicht lohnt. 2 Pfl./lfm.

Kulturpflanze Beheimatet im tropischen und subtropischen Afrika. In vielen Sorten wie 'African Sunset' oder 'Rose Sensation' im Pflanzenhandel.

Vermehrung Durch Aussaat, vor allem mit Vorkultur im Haus.

Geeignete Partner Verschiedene Farbspielformen der Schwarzäugigen Susanne, Gregor-Thunbergie *(Thunbergia gregorii)*, Kletternde Kapuzinerkresse *(Tropaeolum peregrinum)*.

Nutzen
Wildtiere: Nahrungspflanze für Insekten.

Schlangenhaar-gurke

Trichosanthes cucumerina
(Kürbisgewächs)

Blütezeit: Juni bis August

Steckbrief Bis mehrere Meter lang werdende, einjährige Kletterpflanze mit lang gestielten, gelappten Blattspreiten und duftenden weißen Blüten mit langen Fransen, die wie Brautschleier wirken und sich abends öffnen. Früchte bis zu 80 cm lang, anfänglich grün mit weißen Streifen, in reifem Zustand orangefarben und bitter schmeckend.

Standort & Boden Bevorzugt nährstoffreiche, tiefgründige, humose Böden, sonnige Standorte und geschützte Lagen. Geeignet u. a. für den Gemüsegarten, Carports, Lauben und Terrassen.

Eigenschaften Regelmäßige Düngegaben bewirken eine reiche Blüte und Ernte. 1,5 Pfl./lfm.

Kulturpflanze Vermutlich in Indien beheimatet. Heute in großen Teilen der Tropen kultiviert.

Vermehrung Durch Aussaat mit Vorkultur im Haus.

Geeignete Partner Efeugurke *(Coccinia grandis)*, Honig-Melone *(Cucumis melo)*, Gurken-Melone *(Cucumis melo var. flexuosus)*, Inkagurke *(Cyclanthera pedata)*, Flaschenkürbis *(Lagenaria siceraria)*, Schwammgurke *(Luffa aegyptiaca)*, Mexikanische Zwerggurke *(Melothria scabra)*, Louisiana-Gemshorn *(Proboscidea louisianica)*, Quetschgurke *(Thladiantha dubia)*.

Nutzen

Gemüse: Genutzt werden die jungen, unreifen Früchte als Kochgemüse ähnlich Auberginen, die jungen Blätter und Triebe als Salat.

Wildtiere: Nahrungsquelle für Nachtfalter.

Weitere Arten:

Gemüse-Gurke
(Cucumis sativus)

Flaschenkürbis
(Lagenaria siceraria)

Japanische Schlangenhaargurke
(Trichosanthes kirilowii var. japonica)

Steckbrief Bis 4 m hohe Einjährige mit fünfteilig gelappten, hellgrünen Blättern und orchideenartig aussehenden gelben Blüten, deren obere Kronblätter fächerartig geteilt sind.

Name Die im Pflanzenhandel oft anzutreffende Benennung „Kanarische Kapuzinerkresse" ist irreführend, da die Pflanze in Südamerika beheimatet ist.

Standort & Boden Mag nährstoffreiche, humose, frische Böden und windgeschützte, warme, sonnige bis halbschattige Standorte. Eignet sich besonders für Zäune, Balkone und Terrassen, aber auch für Hochbeete, Ampeln und Tröge zum Runterhängen.

Eigenschaften Hoher Wasserbedarf. Zu reichliches Düngen führt zu massiver Blattbildung, aber kaum einer Blütenbildung. Anfällig für Blattläuse und Kohlweißling. 2 Pfl./lfm.

Kulturpflanze Die Kletternde Kapuzinerkresse ist um 1720 aus Peru nach Europa gekommen und findet sich gegenwärtig durchwegs sortenlos als Saatgut im Handel.

Vermehrung Durch Aussaat an Ort und Stelle oder Vorkultur im Haus ab März.

Geeignete Partner Schwarzäugige Susanne *(Thunbergia alata)*, Violette Kapuzinerkresse *(Tropaeolum austropurpureum)*, Große Kapuzinerkresse *(Tropaeolum majus)*, Flammen-Kapuzinerkresse *(Tropaeolum speciosum)*, Dreifarbige Kapuzinerkresse *(Tropaeolum tricolor)*.

Nutzen
Wildgemüse: Blüten, Knospen und Blätter sind essbar und schmecken kresseartig. Knospen und junge Früchte in Essig eingelegt dienen als Kapernersatz.
Wildtiere: Taubenschwänzchen, Hummeln und Bienen nutzen die Blüten als Nahrungsquelle.

Weitere Arten:

Gelbe Einhornblume
(Ibicella lutea)

Louisiana-Gemshorn
(Proboscidea louisianica)

Große Kapuzinerkresse
(Tropaeolum majus)

Kletternde Kapuzinerkresse

Tropaeolum peregrinum
(Kapuzinerkressengewächs)

Blütezeit: Juli bis September

Steckbrief Bis etwa 15 m hoch oder weit rankender Kletterstrauch mit flockig-filzig behaarten jungen Trieben. Blattspreiten undeutlich dreilappig, unterseits spinnwebartig-flaumhaarig bis filzig. Blüten unauffällig, in traubenartigen, 5–7 cm langen Rispen. Reife Früchte dunkelviolett, über 12 mm im Ø.

Standort & Boden Bevorzugt frische, lehmig-sandige Böden und sonnige bis halbschattige Lagen. Besonders geeignet zur Berankung von Fassaden, Lauben und Pavillons.

Eigenschaften Hohes Ausschlagvermögen, stadtklimafest, industriefest. 1 Pfl./lfm.

Kulturpflanze Beheimatet im östlichen Nordamerika. Die Art spielt bei der Entwicklung von Hybridreben eine bedeutende Rolle, andererseits auch als Tafeltraube und als Pfropfunterlagenrebe. Die Weinrebe gehört zu den ersten Pflanzenarten, deren Genom vollständig sequenziert wurde. Die Zahl der identifizierten Gene, die Proteine codieren, liegt bei etwa 30.000, also ungefähr der des Menschen entsprechend.

Vermehrung Am einfachsten durch Absenker. Dazu biegt man kräftige, einjährige, bodennahe Triebe im Frühjahr in eine geschaffene Erdspalte. Schon im Herbst desselben Jahres kann der bewurzelte Absenker von der Mutterpflanze getrennt werden.

Geeignete Partner Zwerg-Kiwi *(Actinidia arguta)*, Akebie *(Akebia quinata)*, Bananen-Passionsblume *(Passiflora mollissima)*, Chilenische Guave *(Ugni molinae)*, Echte Weinrebe *(Vitis vinifera)*, Ufer-Weinrebe *(Vitis riparia)*.

Nutzen

Obst: Die Früchte werden als Naschobst und zur Herstellung von Saft, Marmelade und Ähnlichem genutzt, aufgrund ihres Fuchs-Tones weniger zur Weinherstellung. „Isabella", eine Hybride mit der Echten Weinrebe, wird regional aber als Direktträgerwein mit Erdbeernote vermarktet.

Weitere Arten:

Ufer-Weinrebe *(Vitis riparia)*

Echte Weinrebe *(Vitis vinifera)*

Echte Weinrebe *(Vitis vinifera)*, Herbstlaub

Fuchs-Weinrebe

Vitis labrusca
(Weinrebengewächs)

Blütezeit: Juni

Blauregen

Wisteria sinensis
(Hülsenfrüchtler)

Blütezeit: April bis Mai, meist mit Nachblüte im Frühherbst

Steckbrief Bis 10 m hoch kletternder, sommergrüner, langlebiger Strauch (bis 100 Jahre alt) mit wechselständigen, unpaarig gefiederten Blättern. Diese 25–30 cm lang, mit 9–13 Blättchen. Blüten blauviolett bis lilaviolett, zahlreich in 10–35 cm langen, dichten Trauben. Fahne mit gelbem bis grünweißem Fleck. Früchte 10–15 cm lang, dicht samtig behaart, an beiden Enden zugespitzt.

Name Benannt zu Ehren des deutsch-US-amerikanischen Mediziners Caspar Wistar (1761–1818). Sein eigentlicher Name Wister wurde zu Wistar amerikanisiert. Wistar praktizierte als Arzt in Philadelphia und lehrte an der Universität von Pennsylvania. Er entwickelte zu Lehrzwecken anatomische Modelle mittels Wachsinjektionen und war Spezialist für fossile Funde. Glyzine bzw. Glyzinie als deutscher Ausdruck hat sich gehalten, nachdem Linné die Pflanze ursprünglich in die Gattung Glycine, Sojabohne, gestellt hatte.

Standort & Boden Bevorzugt humose, frische, saure bis neutrale Böden und sonnigen bis halbschattigen Standort. Kalkhaltiger Boden verursacht Eisenchlorose. Geeignet unter anderem für stabile Pavillons, Rankgerüste an Fassaden, Zäune, Masten und abgestorbene Bäume.

Eigenschaften Frosthart, etwas spätfrostempfindlich, wärmeliebend, hitzeverträglich, stadtklimafest, mit hohem Wasserbedarf. Besonders im Winter wühlmausgefährdet. Ihre starken Triebe können Dachrinnen und Regenrohre zusammendrücken. Ein starker Rückschnitt jedes Jahr nach der Blüte fördert die Bildung von Kurztrieben und damit die Blühwilligkeit. Hat die Pflanze nicht genügend Rankhilfe, kann sie sich selbst umschlingen und erwürgen. Giftig. 0,75 Pfl./lfm.

Weitere Arten:

Rosa Blauregen
(*Wisteria floribunda* 'Rosea')

Weißer Blauregen
(*Wisteria floribunda* 'Shiro-Noda')

Gefüllter Blauregen
(*Wisteria sinensis* 'Violacea Plena')

Kulturpflanze Erste Nachricht der in China beheimateten Pflanze brachte der französische Pater Dominicus Parennin 1723 nach Europa. Als Pflanze kam sie 1816 durch den englischen Botaniker John Reeves nach London. Reeves war als Tee-Inspektor bei der Ostindischen Kompanie tätig. Die erste weißblütige Pflanze brachte Robert Fortune 1846 von der Insel Chusan mit nach Europa.

Vermehrung Durch Veredelung. Vegetativ vermehrt sollten nur ausgezeichnete Mutterstöcke werden. Samenvermehrte Pflanzen kommen nur spärlich und erst nach vielen Jahren zur Blüte.

Geeignete Partner Rosa Blauregen (*Wisteria floribunda* 'Rosea'), Weißer Blauregen (*Wisteria floribunda* 'Shiro-Noda').

Nutzen

Wildtiere: Die Blaue Holzbiene und andere Insekten nutzen das Nektarangebot der Blüten. Neben den Blüten scheiden auch die jungen Blätter Nektar aus, der von Bienen, Wespen, Ameisen und anderen Insekten genascht wird.

Steckbrief 5–10 cm hohe, immergrüne Staude mit unterirdisch kriechenden Trieben. Blattspreiten klein, eirund, gezähnt, je nach Sorte blaugrün bis kupferfarben. Blüten unauffällig weißlich, in Blütenkugeln angeordnet. Früchte kugelig, seeigelartig, aber nicht stachelig, braunrot, attraktiv.

Standort & Boden Für jeden durchschnittlichen Boden; idealerweise leichte, sandige Böden in sonniger Lage. Als Bodendecker besonders für Heidegärten, Dachgärten, Gräber, Felsgärten, als Fugenfüller für Plattenwege und als Rasenersatz geeignet, auch zur Vorpflanzung von Prachtstauden oder solitären Zwerggehölzen.

Eigenschaften Robust gegenüber Sommertrockenheit, schneckenresistent, trittverträglich, empfindlich gegenüber Staunässe. 12 Pfl./m².

Kulturpflanze Beheimatet in Neuseeland. Wird sowohl in ihrer Wildform mit blaugrünen Blättern als auch in Sorten wie 'Kupferteppich' mit im Herbst orangebraunen Blättern kultiviert. 'Kupferteppich' ist eine Selektion von Heinz Klose aus dem Jahr 1971. 'Grüner Zwerg' ist kompakt wachsend mit grünen Blättern, 'Dichte Matte' hat blaugrüne Blätter.

Vermehrung Durch Abtrennen der bewurzelten Ausläufer oder Aussaat nach vorheriger Kältebehandlung.

Geeignete Partner Zwiebelblüher, die im Frühjahr einziehen, wie etwa Sternkugel-Lauch *(Allium cristophii)*, Krokus (*Crocus* cvar.), Armenische Traubenhyazinthe *(Muscari armeniacum)*, Gelbe Narzisse *(Narcissus pseudonarcissus)*, Gewöhnlicher Schneestolz *(Scilla luciliae)* oder Tulpen (*Tulipa* cvar). Hübsch auch in Kombination mit Ziergräsern wie Moskitogras *(Bouteloua gracilis)*, Blau-Schwingel *(Festuca cinerea)*, Wimper-Perlgras *(Melica ciliata)* oder Kalk-Blaugras *(Sesleria caerulea)*.

Nutzen

Boden: Durch die bewurzelten unterirdischen Ausläufer festigt und schützt das Stachelnüsschen das Erdreich.

Weitere Arten:

Kleinblättriges Stachelnüsschen
(*Acaena microphylla* 'Kupferteppich')

Tausendblättriges Stachelnüsschen
(Acaena myriophylla)

Blaugrünes Stachelnüsschen
(Acaena saccaticupula)

Kleinblättriges Stachelnüsschen

Acaena microphylla

(Rosengewächs)

Blütezeit: Juni bis Juli

Weißbunter Giersch

***Aegopodium podagraria* 'Variegata'**
(Doldenblütler)

Blütezeit: Mai bis Juni

Steckbrief 15–30 cm hohe, sommergrüne Staude, zur Blütezeit bis 50 cm hoch. Blätter 2- bis 3-fach gefiedert, gelblich weiß gezeichnet, Blattstiel im Ø dreieckig. Dolden 10- bis 20-strahlig, Blüten reinweiß, fünfzählig, in Döldchen angeordnet.

Standort & Boden Bevorzugt nährstoffreiche, frische, lehmige bis humose Böden und halbschattige Lagen. Eignet sich für Schattengärten in abseitiger Lage und für Böschungen, die dadurch stabilisiert werden.

Eigenschaften Wuchernd. 9 Pfl./m².

Kulturpflanze Heimische Art, in Nordamerika eingeschleppt. Da sich die Zierform ähnlich wie die Wildform unbändig ausbreiten kann, sollte sie nur dort in den Garten geholt werden, wo der Boden einfach nur bepflanzt werden soll und kein Anspruch auf besondere Gartengestaltung besteht.

Vermehrung Durch Teilung des Rhizoms.

Geeignete Partner Busch-Windröschen *(Anemone nemorosa)*, Gefleckter Aronstab *(Arum maculatum)*, Lilien-Funkie *(Hosta plantaginea)*, Wilder Hopfen *(Humulus lupulus)*, Frühlings-Knotenblume *(Leucojum vernum)*, Garten-Silberblatt *(Lunaria annua)*, Japanische Pestwurz *(Petasites japonicus)*.

Weitere Arten:

Giersch
(Aegopodium podagraria)

Bärwurz
(Meum athamanticum)

Duftdolde
(Myrrhis odorata)

Nutzen

Wildgemüse: Giersch ist Hauptbestandteil der „Grünen Suppe" Nordwestdeutschlands. Junge Blätter und Triebe können zu Salaten oder als erfrischende Einlage zu Getränken gegeben werden. Gekocht mit Sauerrahm oder Butter, ergeben die Blätter einen schmackhaften Spinat. Die essbaren Blüten sind als Tellerdekoration verwendbar.
Arzneipflanze: Giersch wirkt harntreibend, reinigend und entzündungshemmend.

Wildtiere: Wertvolle Nahrungspflanze für heimische Insekten. So konnten über 104 verschiedene Blütengäste beobachtet werden, unter anderem Honigbienen, Maskenbienen, Furchenbienen, Sandbienen, Schwebfliegen, Gold-Rosenkäfer, Pinselkäfer, Achtfleckenbock und 17 Tagfalterarten, darunter Schornsteinfeger, Perlgrasfalter und Kleiner Eisvogel.

Kriechender Günsel

Ajuga reptans
(Lippenblütler)

Blütezeit: April bis Mai

Steckbrief 5–15 cm hohe, Ausläufer bildende Staude mit immergrünen, eiförmig-spateligen Blättern, die dunkelgrün oder je nach Sorte mehrfarbig purpurn, violettbraun oder gelblich weiß gefärbt sind. Blüten in Scheinquirlen, dunkelblau, ohne Oberlippe.

Standort & Boden Bevorzugt nährstoffreiche, frische Böden in halbschattiger bis absonniger Lage. Kommt aber auch gut mit anderen Voraussetzungen zurecht und eignet sich auch für moosreiche, extensiv gepflegte Rasen, die regelmäßig gemäht werden. Als Bodendecker u. a. zur Unterpflanzung von Gehölzen oder anderen Stauden geeignet, auch als Bodenfestiger für halbschattige Böschungen.

Eigenschaften Schwermetalltolerant. 12 Pfl./m².

Kulturpflanze Heimische Wildstaude. Schon aus dem 16. Jahrhundert ist die Pflanze als Zierstaude aus dem Garten zu Eichstätt bekannt. Vor allem Auslesen mit dunkelvioletten oder weiß-bunten Blättern werden gerne als anspruchslose, sich stark ausbreitende Bodendecker verwendet. So etwa die Sorten 'Braunherz' mit violettbraunem Laub, 'Burgundy Glow' mit silbrig und bronzefarben panaschierten Blättern, 'Multicolor' (großes Foto) mit mehrfarbigen Blättern oder 'Atropurpurea' mit einfarbig dunkelviolettbraunem Laub.

Vermehrung Durch Abtrennen der bewurzelten Ausläufer im Frühling oder Herbst. Auch Aussaat ist möglich – Kalt- und Lichtkeimer. Die Samen bleiben über Jahrzehnte keimfähig.

Weitere Arten:

Kriechender Günsel
(*Ajuga reptans* 'Braunherz')

Kriechender Günsel
(*Ajuga reptans* 'Multicolor')

Pyramiden-Günsel
(*Ajuga pyramidalis*)

Geeignete Partner Prachtspiere *(Astilbe ×arendsii)*, Gänseblümchen *(Bellis perennis)*, Wald-Erdbeere *(Fragaria vesca)*, Gundelrebe *(Glechoma hederacea)*, Nachtviole *(Hesperis matronalis)*, Goldnessel *(Lamium galeobdolon)*, Wald-Vergissmeinnicht *(Myosotis sylvatica)*, Stängellose Primel *(Primula vulgaris)*

Nutzen

Wildgemüse: Junge Blätter und Triebe können von März bis Mai für Salate, Gemüsestrudel und Eintopfgerichte verwendet werden; die Blüten eignen sich zur Dekoration von Tellern. Alle Pflanzenteile schmecken bitter.

Arzneipflanze: Heilpflanze mit leicht schmerzstillenden, leberreinigenden und leicht abführenden Eigenschaften.

Wildtiere: Als Pollen- und Nektarlieferant vor allem für Hummeln, Bienen und Schmetterlinge wie Schwalbenschwanz, Segelfalter, Aurorafalter, Veilchen-Perlmuttfalter, Osterluzeifalter und Malven-Würfelfalter von Bedeutung. Auf Lippenblütler spezialisiert hat sich die Mauerbiene *(Osmia andrenoides)*.

Glänzender Silbermantel

Alchemilla nitida
(Rosengewächs)

Blütezeit: Mai bis Juni

Steckbrief 5–15 cm hohe, teilimmergrüne Staude mit dicker, oberirdisch kriechender Hauptachse und seitenständigen, beblätterten Blütenständen. Blätter 7- bis 9-teilig, unterseits und am Rand silbrig behaart. Blüten unscheinbar grüngelb.

Standort & Boden Licht- und kälteliebende Art, die als Bodendecker besonders für karge, steinige Böden und Steingärten geeignet ist.

Eigenschaften Langlebig, geringer Ausbreitungsdrang. 16 Pfl./m².

Kulturpflanze Beheimatet in den Alpen und deren Randgebirgen.

Vermehrung Am einfachsten durch Teilung im März/April oder von Mitte August bis Ende September. Aussaat im Frühjahr. Eine vorherige Kältebehandlung des Saatguts fördert die Keimung. Selbstaussaat kommt häufig vor.

Geeignete Partner Zierliche Glockenblume *(Campanula cochleariifolia)*, Silberdistel *(Carlina acaulis)*, Grauer Storchschnabel *(Geranium cinereum)*, Herzblättrige Kugelblume *(Globularia cordifolia)*, Polster-Fingerkraut *(Potentilla verna)*, Großblütige Braunelle *(Prunella grandiflora)*, Rotes Seifenkraut *(Saponaria ocycmoides)*, Edel-Gamander *(Teucrium chamaedrys)*, Frühblühender Quendel *(Thymus praecox)*, Felsen-Ehrenpreis *(Veronica fruticans)*.

Weitere Arten:

Hoppes Silbermantel
(Alchemilla hoppeana)

Weicher Frauenmantel
(Alchemilla mollis)

Weicher Frauenmantel
(Alchemilla mollis)

Nutzen

Arzneipflanze: Silbermantel, sehr nahe mit dem Frauenmantel verwandt, wirkt zusammenziehend, entzündungshemmend, narbenbildend, antiseptisch und gegen Durchfall. In der Volksmedizin besitzt die Gattung große Bedeutung bei der Behandlung von Wunden, Blutungen Geschwüren, Frauenleiden, Bauchschmerzen und Nierensteinen.

Wildtiere: Futterpflanze unter anderem für die Raupen des Streifenbärs *(Grammia quenseli)*, Matterhornbärs *(Holoarctia cervini)* und Engadiner Bärs *(Arctia flavia)*. Als Blütengäste können vor allem Florfliegen, Käfer, Wanzen, Zweiflügler und Hautflügler beobachtet werden.

Echtes Katzenpfötchen

Antennaria dioica
(Korbblütler)

Blütezeit: Mai bis Juni

Steckbrief 5–20 cm hohe, langlebige, zweihäusige, silbrig filzig behaarte, immergrüne Staude mit oberirdischen Ausläufern. Grundblätter spatelförmig, bespitzt. Hüllblätter bei den weiblichen Köpfchen rosa, bei den männlichen weiß.

Name Der deutsche Name Katzenpfötchen bezieht sich auf die samtigen Blütenstände der Pflanze, die wie bei Katzenpfoten rosa oder grau sein können. Der botanische Gattungsname ist vom lateinischen „antenna" (= Segelstange, Rahe) abgeleitet. Seit dem 15. Jahrhundert ist der Begriff durch Theodorus Gaza auch für die Fühler der Insekten gebräuchlich. Die Pappushaare ähneln den am Ende verdickten Fühlern der Tagfalter.

Standort & Boden Bevorzugt sandige, nährstoffarme, durchlässige, saure Böden und sonnige Standorte. Als Bodendecker geeignet für Steingärten, Tröge, Sandrasen, Kiesrasen, Heidegärten und Dachbegrünungen.

Eigenschaften Konkurrenzschwach, verträgt eine ein- bis zweimalige Mahd, bei hoher Schnitthöhe auch öfter. 25 Pfl./m².

Kulturpflanze Heimische Wildpflanze. Die Gartenkultur ist seit etwa dem 16. Jahrhundert bekannt. In wenigen Sorten, so 'Roy Davidson' mit roten Blütenkörben und niederem Wuchs.

Vermehrung Am einfachsten durch Teilung im Frühling oder Sommer. Die Samen sind nicht lange keimfähig. Licht- und Kältekeimer.

Geeignete Partner Strand-Grasnelke *(Armeria maritima)*, Felsen-Steinkraut *(Aurinia saxatilis)*, Heidekraut *(Calluna vulgaris)*, Silberdistel *(Carlina acaulis)*, Heide-Nelke *(Dianthus deltoides)*, Amethyst-Schwingel *(Festuca amethystina)*, Orangerotes Habichtskraut *(Hieracium aurantiacum)*, Sand-Quendel *(Thymus serpyllum)*.

Nutzen
Wildgemüse: Die rosa Blütenköpfchen dienen als Schmuckdroge für Kräuterteemischungen.
Arzneipflanze: Inhaltsstoffe wie Karotin, Tannin oder ätherisches Öl sind verantwortlich für die auswurffördernde, erweichende, galletreibende und entzündungshemmende Eigenschaft des Katzenpfötchens. Sie wird vorrangig bei chronischer Bronchitis und zu viel Luft im Körpergewebe eingesetzt.
Wildtiere: Vor allem Tagfalter, Hummeln und Wildbienen sind an den Blüten zu beobachten. Einige Arten, wie beispielsweise die Mauerbienenart *(Osmia xanthomelana)*, sind auf Korbblütler wie das Katzenpfötchen angewiesen.

Weitere Arten:

Echtes Katzenpfötchen *(Antennaria dioica)*

Echtes Katzenpfötchen *(Antennaria dioica)*

Wegerich-Katzenpfötchen *(Antennaria plantaginifolia)*

Andenpolster

Azorella trifurcata
(Doldenblütler)

Blütezeit: Mai bis Juni

Steckbrief 2–5 cm hohe, immergrüne, teppichartig wachsende Staude mit fleischigen, dreiteiligen, glänzenden Blättern und kleinen grünlich gelben Blütendolden.

Standort & Boden Bevorzugt frische bis mäßig trockene, durchlässige, nährstoffarme Böden in sonniger bis halbschattiger, kühler Lage. Als Bodendecker vor allem geeignet zwischen Trittplatten, in Trögen, auf Gräbern, im Steingarten, um Terrassen, als Beeteinfassung, Unterpflanzung von Bonsais und Formgehölzen, auf Mauern sowie als Moosersatz.

Eigenschaften Langlebig, kalkverträglich, trittverträglich, für Schnecken nicht anfällig. Winterschutz durch Laub kann aufgrund der Feuchtigkeit zu Botrytis-Befall und zum Absterben der Pflanze führen. Ein Winterschutz mit Reisig bei Frosttrocknis (Wintersonne in Verbindung mit gefrorenem Boden) hat sich bewährt. 18 Pfl./m².

Kulturpflanze Beheimatet in den Anden des südlichen Südamerika. Seit etwa 1805 in gärtnerischer Kultur.

Vermehrung Durch Rosettenstecklinge vom Frühherbst bis Winter, Risslinge oder Teilung im Frühjahr.

Geeignete Partner Grasnelke *(Armeria maritima)*, Fuchsrote Segge *(Carex buchananii)*, Immergrüne Schleifenblume *(Iberis sempervirens)*, Buchs-Kreuz-

Weitere Arten:

Andenpolster am Wildstandort in Patagonien
(Azorella trifurcata)

Silber-Fiederpolster
(Cotula hispida)

Weißer Fiederpolster
(Cotula pyrethrifolia)

blume *(Polygala chamaebuxus)*, Sternmoos *(Sagina subulata)*, Porzellanblümchen *(Saxifraga ×urbium)*, Weißer Mauerpfeffer *(Sedum album)*, Sand-Quendel *(Thymus serpyllum)*, Stein-Ehrenpreis *(Veronica petraea)*.

Nutzen

Boden: Andenpolster durchwurzelt die oberflächennahe Schicht stark und schützt so den Boden vor Sonneneinstrahlung und Starkregen.
Wildtiere: Wie alle Doldenblütler eine beliebte Nahrungsquelle bei Bienen, Hummeln, Schwebfliegen und Schmetterlingen.

Steckbrief 3–15 cm hohe Staude mit spatelförmigen Blättern. Blütenkörbe weiß mit gelber Mitte, Zungenblüten oft rosa überlaufen.

Name Den deutschen Namen verdankt das Gänseblümchen den Germanen. Sie verbanden die Blume, deren Blüten sich nur bei Sonnenschein öffnen, ebenso mit unserem Zentralgestirn wie die Gans, deren jährliche Wanderung der Sonne folgt. Der botanische Gattungsname ist vom lateinischen „bellus" (= hübsch, niedlich) abgeleitet und beschreibt in treffender Weise die schlichte Schönheit der Blume und zeigt die Zuneigung des Erstbeschreibers Carl von Linné zu ihr.

Standort & Boden In jedem normalen Gartenboden in sonniger bis halbschattiger Lage. Gerne in nährstoffreicher, lehmiger Erde. Besonders geeignet für Blumenrasen und Schurrasen.

Eigenschaften Salz- und schwermetalltolerant. Gut schnittverträglich. Je mehr Gänseblümchen im Rasen, desto besser.

Kulturpflanze Heimische Pflanze, die spätestens seit dem 12. Jahrhundert bei uns auch kultiviert wird. Durch Auslese natürlicher Spielformen entstanden bald gefüllt blühende Sorten. Bis zum 19. Jahrhundert war das gärtnerische Interesse an der Pflanze groß, anschließend verlor sie jedoch an Bedeutung.

Vermehrung Am einfachsten durch Aussaat von März bis Oktober. Saatgut der Gänseblümchen-Wildform findet sich im Handel.

Geeignete Partner Kriechender Günsel *(Ajuga reptans)*, Wiesen-Schaumkraut *(Cardamine pratensis)*, Gundelrebe *(Glechoma hederacea)*, Pfennigkraut *(Lysimachia nummularia)*, Stängellose Primel *(Primula vulgaris)*, Kleine Braunelle *(Prunella vulgaris)*, Heide-Quendel *(Thymus pulegioides)*, Duft-Veilchen *(Viola odorata)*.

Nutzen
Wildgemüse: Blätter und Blütenkörbchen sind roh als Salat oder gekocht in Kräutersuppen essbar. Die Blüten verschönern Speisen und den Tellerrand.
Arzneipflanze: In der Homöopathie ein vielfach eingesetztes Mittel, in der Kosmetik wird das Gänseblümchen zum Aufhellen der Haut genutzt.
Wildtiere: Durch die fast ganzjährige Blütezeit eine wertvolle Nektar- und Pollenquelle für Insekten. Nektarpflanze unter anderem für den gefährdeten Westlichen Scheckenfalter und das Hornkraut-Tageulchen. Futterpflanze unter anderem für die Raupen von Zickzackbinden-Alpenblattspanner *(Euphyia scripturata)* und Gebänderten Labkraut-Blattspanner *(Xanthorhoe spadicearia)*.

Das Gänseblümchen wertet jeden Rasen ökologisch und optisch auf.

Nicht selten sind die Spitzen der Zungenblüten rosa gefärbt.

Gänseblümchen statt „Englischem Rasen" ist angesagt und zeitgemäß.

Gänseblümchen

Bellis perennis
(Korbblütler)

Blütezeit: März bis Oktober,
oft auch das ganze Jahr über

Steckbrief 20–40 cm hohe Staude mit linealen, vorne meist überhängenden Blättern und waagrecht abstehenden Blütenständen mit 40–90 rotbraunen Ährchen, die an Moskitos, Libellen, Zahnbürsten oder Standarten erinnern.

Name Die Blütenstände sehen aus wie Moskitos, die über der Pflanze schweben, weshalb die Gattung ihren passenden Namen erhielt. Der botanische Name ist benannt zu Ehren der Brüder Claudio Boutelou (1774–1842) und Esteban Boutelou (1776–1813), zwei spanischen Botanikern und Agrarökonomen mit gärtnerischen Wurzeln in der Schweiz. Claudio Boutelou ist zu verdanken, dass während der französischen Invasion die Zerstörung des Botanischen Gartens Madrid verhindert werden konnte. Er wurde 1816 in Alicante Professor für Agrikultur und verfasste wichtige Werke zu Landwirtschaft und Gartenbau. Esteban Boutelou war zuständig für die königlichen Gärten und Professor für Agrikultur und Ökonomie am Botanischen Garten in Madrid. Er schrieb u. a. Arbeiten zur Akklimatisation von exotischen Pflanzen in der Gartenkultur und befasste sich mit der Kultur diverser Rebsorten.

Standort & Boden Bevorzugt trockene, durchlässige, kalkhaltige Böden und sonnige Standorte. Als Bodendecker besonders für Steppengärten, naturnahe Gärten, Tröge und Gründächer geeignet.

Eigenschaften Hitzeverträglich, Rückschnitt im Frühjahr. 12 Pfl./m².

Kulturpflanze Beheimatet in großen Teilen Nordamerikas. Dort ein wertvolles Weidegras, das Überweidung und Dürre standhält und zum Zwecke des Erosionsschutzes ausgebracht wird. 'Blonde Ambition' ist eine gärtnerische Selektion mit gelblichweißen Blütenähren.

Vermehrung Durch Aussaat im Frühling oder Teilung der Wurzelstöcke vom Frühjahr bis zum Frühsommer.

Geeignete Partner Goldschopf-Aster *(Galatella linosyris)*, Grauer Storchschnabel *(Geranium cinereum)*, Pracht-Fetthenne *(Hylotelephium spectabile)*, Hartwegs Bartfaden *(Penstemon hartwegii)*, Liegender Ehrenpreis *(Veronica prostrata)*.

Weitere Arten:

Wimper-Perlgras
(Melica ciliata)

Nickendes Perlgras
(Melica nutans)

Echtes Federgras
(Stipa pennata)

Moskitogras

Bouteloua gracilis
(Süßgras)

Blütezeit: Juli bis September

Diamant-Reitgras

Calamagrostis brachytricha

(Süßgras)

Blütezeit: August bis Oktober

Steckbrief 60–100 cm hohes, horstbildendes Gras mit hellgrünen, linealen Blättern. Blütenstände silbrig schimmernd mit einem Hauch von Rosa.

Name Im Pflanzenhandel findet man die Zierstaude auch unter den ungültigen Namen *Achnatherum brachytrichum* oder *Stipa brachytricha*.

Standort & Boden Bevorzugt normale, durchlässige, humose Gartenböden und sonnige bis halbschattige Standorte. Als Flächenbegrüner besonders geeignet für Wegränder, Böschungen, Staudenbeete und Gehölzränder.

Eigenschaften Unempfindlich gegenüber Schnecken. Auch als Füllgrün ähnlich Schleierkraut für Blumensträuße geeignet. 5 Pfl./m².

Kulturpflanze Beheimatet in Korea und Japan. Gärtnerisch sind mehrere Aufsammlungen in Verwendung, so eine fertile und durch Saatgut vermehrte Form, die 1966 von R. Lighty aus Südkorea stammt und gegenwärtig auch als Saatgut erhältlich ist. Material aus einer Neuaufsammlung von Mona Holmberg und Ulf Strindberg aus Korea wurde von Coen Jansen in den Niederlanden vegetativ vermehrt und findet sich als Kultivar 'Mona' im Pflanzenhandel.

Vermehrung Durch Stockteilung im Frühjahr.

Geeignete Partner Herbst-Eisenhut *(Aconitum carmichaelii)*, Herbst-Anemone *(Anemone hupehensis)*, Orange Seidenpflanze *(Asclepias tuberosa)*, Bartblume *(Caryopteris ×clandonensis)*, Igelkopf *(Echinacea purpurea)*, Purpur-Wasserdost *(Eutrochium purpureum)*, Prachtkerze *(Gaura lindheimeri)*, Raue Herbstaster *(Symphyotrichum novae-angliae)*.

Nutzen

Wildtiere: Reitgräser bieten Wildtieren Unterschlupf und Baumaterial.

Weitere Arten:

Land-Reitgras
(Calamagrostis epigejos)

Echtes Pampasgras
(Cortaderia selloana)

Engelshaar
(Nassella tenuissima)

Heidekraut

Calluna vulgaris
(Heidegewächs)

Blütezeit: Juli bis September

Steckbrief Bis 25 cm hoher, immergrüner Zwergstrauch. Blätter vierzeilig angeordnet, einander ziegelartig überdeckend. Blüte rosa, bei Kulturformen auch in anderen Farben.

Standort & Boden Bevorzugt saure, nährstoffarme Böden in sonniger bis absonniger Lage. Als Bodendecker vor allem für Heidegärten geeignet.

Eigenschaften Zur Förderung eines reichen Blütenansatzes ist ein regelmäßiger Rückschnitt auf die Hälfte des letztjährigen Triebes Ende März bis April ratsam. Bei fehlendem Rückschnitt vergreisen die Pflanzen. Ansonsten schlecht schnittverträglich. 14 Pfl./m².

Kulturpflanze Heimische, landschaftsprägende Pflanze, in zahlreichen Sorten im Pflanzenhandel, auch in Wildformen, die von der Lüneburger Heide stammen.

Vermehrung Am einfachsten über Stecklinge, wobei 3–4 cm lange einjährige Triebe von Juli bis September gesteckt werden, oder über Risslinge, bei denen ein Teil des alten Holzes am Steckling verbleibt. Die Samen bleiben über 100 Jahre keimfähig. Bei einer englischen Vermehrungsmethode werden die Blühtriebe im Oktober zurückgeschnitten, die Pflanze wird ausgegraben und in ein tiefes Pflanzloch versenkt, sodass die Triebe nur noch 5 cm aus dem Boden ragen. Diese Triebe bewurzeln und werden im folgenden Herbst geteilt.

Geeignete Partner Rosmarinheide *(Andromeda polifolia)*, Immergrüne Bärentraube *(Arctostaphyllos*

Weitere Arten:

Heidekraut
(Calluna vulgaris)

Heidekraut
(Calluna vulgaris
'Gardengirls-Serie')

Heidekraut
(Calluna vulgaris 'Firefly')

uva ursi), Schwarze Krähenbeere (*Empetrum nigrum*), Grau-Heide (*Erica cinerea*), Cornwall-Heide (*E. vagans*), Echter Wacholder (*Juniperus communis*), Blaue Moosheide (*Phyllodoce caerulea*), Frühlings-Kuhschelle (*Pulsatilla vernalis*).

Nutzen

Arzneipflanze: Heidekrauttee wird bei schlechtem Schlaf, Harnwegserkrankungen und Entzündungen der Mundschleimhaut eingesetzt.

Wildtiere: Heidekraut blüht im blüharmen Spätsommer und stellt für Honigbienen, Wildbienen, Hummeln, Schwebfliegen und Schmetterlinge eine wichtige Pollen- und Nektarpflanze dar. Jede einzelne Blüte produziert durchschnittlich 0,12 mg Zucker täglich. Für die Heidehummel und die sehr seltene Mooshummel ist Heidekraut die Haupttrachtpflanze. Die Besenheide-Sandbiene (*Andrena fuscipes*) und die Heidekraut-Seidenbiene (*Colletes succinctus*) sind auf das Heidekraut angewiesen. Bei neueren Kultursorten verbleiben die Blüten im Knospenstadium, was eine längere Blütezeit zur Folge hat, andererseits auch weniger Nutzen für die Insekten mit sich bringt. Futterpflanze unter anderem von Heidekraut-Bunteule (*Anarta mytilli*), Heide-Grünwidderchen (*Rhagades pruni*), Argusbläuling (*Plebejus argus*).

Steckbrief Niederliegende, bis maximal 15 cm hohe, teppichbildende, sommergrüne Staude mit herzförmigen, scharf gezähnten Blättern und trichterförmigen, blauvioletten Blüten.

Standort & Boden Bevorzugt durchschnittliche Gartenböden und sonnige Lagen. Eignet sich als Bodendecker für Tröge, Böschungen, Treppenanlagen, Steingärten und Blocksteinmauern.

Eigenschaften Ein Rückschnitt nach der Blüte stärkt die Pflanze und bewirkt oftmals eine Nachblüte, ebenso sorgt phosphorreicher Dünger für einen starken Blütenflor. 12 Pfl./m².

Kulturpflanze Beheimatet in den Bergen der Balkanhalbinsel. Sie wurde dort vom Wiener Botaniker Franz Edler von Portenschlag-Ledermayer (1772–1822) entdeckt, aber erst im 20. Jahrhundert für die allgemeine Gartenkultur genutzt. Portenschlag-Ledermayer war ursprünglich Jurist, Hof- und Gerichtsadvokat, wandte sich aber bald der Botanik zu und sammelte bei Touren durch die Alpen und auf der Balkanhalbinsel, oft in Begleitung von Adeligen wie dem Erzherzog Johann von Österreich.
In mehreren Sorten im Pflanzenhandel. 'Birch Hybrid' ist eine Kreuzung mit der Hängepolster-Glockenblume *(C. poscharskyana)* und dadurch teilweise wintergrün. 'Liselotte' hat hellviolette, 'Resholt' kräftig blauviolette und 'Ambella Pink' purpurrosa Blüten.

Vermehrung Durch Teilung der Stöcke im Frühling oder Herbst. Die Wildform und einige Sorten wie 'Blue Magic' lassen sich auch über Samen sortenecht vermehren.

Weitere Arten:

Pollino-Glockenblume
(Campanula fragilis)

Istrische Glockenblume
(Campanula istriaca)

Hängepolster-Glockenblume
(Campanula poscharskyana)

Dalmatinische Glockenblume

Campanula portenschlagiana
(Glockenblumengewächs)

Blütezeit: Juni bis Juli, oft mit Nachblüte

Geeignete Partner Kriechendes Gipskraut *(Gypsophila repens)*, Immergrüne Schleifenblume *(Iberis sempervirens)*, Teppich-Phlox *(Phlox subulata)*, Milder Mauerpfeffer *(Sedum sexangulare)*, Kissen-Herbstaster *(Symphyotrichum dumosum)*, Stein-Ehrenpreis *(Veronica petraea)*.

Nutzen

Wildgemüse: Vor allem die milden, süßlich schmeckenden Blüten werden roh gegessen. Sie zieren Desserts und Tellerränder.
Wildtiere: Wertvoller Nektar- und Pollenspender. Die Staubblätter müssen von den Bienen und Hummeln zur Seite gedrückt werden, damit sie an den Nektar im Kronengrund gelangen können. Auf Glockenblumen angewiesen sind unter anderem die Mauerbienen *Osmia rapunculi, O. cantabrica* und *O. campanularum* sowie die Glockenblumen-Sägehornbiene *(Melitta haemorroidalis)*. Gerne wird die Glockenblume auch von der Blattschneiderbiene *Megachile analis* angeflogen. Der Nektar von Glockenblumen ist für alle lang- und kurzrüsseligen Bienen erreichbar. Als Gäste, oft auch nur als Zufluchtsort bei Regen, finden sich in den Blüten Schwebfliegen, Glanzkäfer oder Ameisen ein.

Steckbrief 10–30 cm hohe, Rasen bildende Staude mit dicht weißfilzig behaarten Blättern und Trieben. Blätter linealisch-lanzettlich, am Rande umgeschlagen, immergrün, 10–30 mm lang. Blütenstand 7- bis 15-blütig, Blüten 12–18 mm im Ø. Kronblätter zweispaltig.

Standort & Boden Bevorzugt trockene, nährstoffarme, kalkreiche, kiesige Böden und sonnige Standorte. Als Bodendecker vor allem für Kiesgärten, Gründächer und als Trogunterpflanzung geeignet.

Eigenschaften Genügsam auf nährstoffarmen Standorten. Verträgt eine bis zu zweimalige Mahd im Jahr. Ein regelmäßiger Rückschnitt nach der Blüte bewahrt vor braunen Kahlstellen in den Polstern. Auf nährstoffreichem Boden verkahlen die Pflanzen und sterben bald ab. 14 Pfl./m².

Kulturpflanze Beheimatet in Italien. 1594 in Mitteleuropa erstmals in Gartenkultur belegt. In wenigen Sorten wie 'Senior', 'Silberteppich' und 'Yo Yo'.

Vermehrung Am einfachsten durch Teilung im Frühling oder Herbst.

Geeignete Partner Berg-Steinkraut *(Alyssum montanum)*, Dalmatinische Glockenblume *(Campanula portenschlagiana)*, Echtes Sonnenröschen *(Helianthemum nummularium)*, Zwerg-Schwertlilie *(Iris barbata-nana)*, Armenische Traubenhyazinthe *(Muscari armeniacum)*, Steinbrech-Felsennelke *(Petrorhagia saxifraga)*, Flaum-Fingerkraut *(Potentilla pusilla)*, Frühblühender Quendel *(Thymus praecox)*, Ähren-Ehrenpreis *(Veronica spicata)*.

Nutzen

Wildtiere: Nahrungspflanze für Bienen, Schmetterlinge und andere Insekten.

Weitere Arten:

Acker-Hornkraut
(Cerastium arvense)

Krim-Hornkraut
(Cerastium biebersteinii)

Großblütiges Hornkraut
(Cerastium grandiflorum)

Weißfilziges Hornkraut

Cerastium tomentosum
(Nelkengewächs)

Blütezeit: Mai bis Juni

Römische Rasen-kamille

Chamaemelum nobile
(Korbblütler)

Blütezeit: Juni bis August

Steckbrief 10–25 cm hohe, verzweigte, angedrückt behaarte, aromatisch riechende, immergrüne Staude. Blätter im Umriss länglich lanzettlich, 2- bis 3-fach fiederspaltig, mit linealischen Abschnitten. Je nach Sorte Blütenkörbe 18–25 mm Ø, gefüllt, einfach oder fehlend.

Standort & Boden Bevorzugt durchschnittliche, trockene, durchlässige Böden und sonnige Standorte. Wird vor allem als Rasenersatz, zur Dachbegrünung und als Duftrasen genutzt.

Eigenschaften Die nichtblühende Sorte 'Treneague', auch Englische Rasenkamille genannt, eignet sich als Rasenersatz; sie gibt bei jedem Schritt und Schnitt einen Kamille-Apfelduft frei. Auch die gefüllt blühende Form und die Wildform eignen sich als Rasenersatz bei geringem Betritt. Gemäht wird viel seltener als beim Rasen und auf höchster Stufe am Mäher, bei blühenden Formen wird die Blüte abgewartet, dann erneuert sich die Pflanze aus dem Herzen heraus. 14 Pfl./m².

Kulturpflanze Beheimatet in Westeuropa und Nordwestafrika. Seit spätestens dem 16. Jahrhundert bei uns in Bauerngärten als Duft- und Arzneipflanze genutzt. Das aus ihr gewonnene ätherische Öl findet in der Likör- und Parfümherstellung Einsatz. Die Römische Kamille wird in der Wildform, einer gefüllt blühenden Form 'Plenum' und in der nichtblühenden Sorte 'Treneague' im Pflanzenhandel angeboten.

Weitere Arten:

Hohe Hundskamille
(Anthemis altissima)

Echte Kamille
(Matricaria chamomilla)

Strahlenlose Kamille
(Matricaria discoidea)

Vermehrung Die Wildform lässt sich einfach über Samen vermehren, 'Plenum' und 'Treneaque' sind steril und werden über bewurzelte Bodentriebe vegetativ vermehrt.

Geeignete Partner In der Wildform als Duftstaude zusammen mit Colakraut *(Artemisia abrotanum)*, Schokoladenblume *(Berlandiera lyrata)*, Gundelrebe *(Glechoma hederacea)*, Gummibärchenblume *(Helenium aromaticum)*, Currykraut *(Helichrysum italicum)*, Pilzkraut *(Rungia klossii)*, Grünes Heiligenkraut *(Santolina viridis)*.

Nutzen

Arzneipflanze: Eingesetzt unter anderem bei Verdauungsproblemen und Nervosität.

Wildtiere: Die Wildform mit ungefüllten Blüten ist eine gute Insektenweide.

Fächer-Steinmispel

Cotoneaster horizontalis
(Rosengewächs)

Blütezeit: Mai bis Juni

Steckbrief 50–80 cm hoher, flach wurzelnder, waagrecht ausladender Zwergstrauch mit ausnehmend hübscher Wuchsform und fischgrätenartig angeordneten Zweigen. Blätter sommergrün, eiförmig, oberseits glänzend, mit roter Herbstfärbung. Blüten klein, rosa. Früchte rot, kugelig, klein, aber massenhaft und dadurch auffallend.

Standort & Boden Für jeden normalen Gartenboden in sonniger Lage. Als Flächenbegrüner geeignet, aber auch für den Einzelstand oder für Tröge.

Eigenschaften Stadtklimafest, hitzeverträglich, trockenheitsvertragend, kalktolerant, gut schnittverträglich und windfest. Wie alle *Cotoneaster*-Arten Wirt des Bakteriums *Erwinia amylovora*, das die Gehölzkrankheit Feuerbrand verursacht. 3 Pfl./m².

Kulturpflanze Beheimatet in Zentralasien, wurde die Art um das Jahr 1870 in Frankreich eingeführt und ist seit spätestens 1889 aus Großbritannien bekannt. Nach Nordamerika kam sie um das Jahr 1880. Erste Kulturnachweise aus Mitteleuropa finden sich vom Jahr 1893 aus Brandenburg.
Im Pflanzenhandel auch in wenigen Sorten wie 'Variegatus' mit gelblich weiß berandeten Blättern.

Weitere Arten:

Niedrige Steinmispel
(Cotoneaster congestus)

Sparrige Steinmispel
(Cotoneaster divaricatus)

Schwedische Steinmispel
(Cotoneaster suecicus)

Vermehrung Am einfachsten durch Ableger, Absenker oder Kopfstecklinge im Juli/August.

Geeignete Partner Großblumiges Johanniskraut (*Hypericum* 'Hidcote'), Frühlings-Duftblüte *(Osmanthus burkwoodii)*, Glanzmispel (*Photinia* 'Red Robin'), Berg-Kiefer *(Pinus mugo)*, Bodendecker-Rose (*Rosa* spec.), Erdbeer-Himbeere *(Rubus illeceborus)*, Lorbeer-Schneeball *(Viburnum tinus)*

Nutzen

Wildtiere: Durch ihre Nektarvorräte am Grund der Kronblätter bedeutend für Honigbienen, überwinternde Hummel- und Wespenköniginnen, aber auch für Pollen sammelnde Mauer- und Sandbienen. Die reifen Früchte sind für Beeren fressende Vogelarten wie Wacholderdrossel und Rotdrossel nützlich.

Echtes Zimbelkraut

Cymbalaria muralis
(Wegerichgewächs)

Blütezeit: April bis September

Steckbrief Niederliegende bis hängende, bis 60 cm lange Staude mit 5- bis 7-lappigen Blättern und helllila, violett geaderten Kronen, diese im Schlund gelb.

Standort & Boden Halbschattenpflanze für warme, luftfeuchte Standorte und frische, nährstoffarme Böden. Als Bodendecker geeignet für Mauern und felsige Böden, meidet aber voll besonnte und stark austrocknende Standorte. Eignet sich besonders für halbschattige Mauern, zwischen Trittplatten und Treppen, für Steinhaufen, Tröge und halbschattige Kiesgärten.

Eigenschaften 10 Pfl./m².

Kulturpflanze Urheimisch in Südeuropa, heute subkosmopolitisch verbreitet. Seit spätestens dem 16. Jahrhundert in Gartenkultur. In mehreren Sorten im Gartenhandel, so 'Nana Alba' mit weißen Blüten und kompakterem Wuchs oder 'Globosa' mit hellgrünen Blättern und kompaktem Wuchs.

Vermehrung Am einfachsten durch Aussaat, indem man die Samen in Lehmkügelchen drückt und diese dann in den Mauer- oder Plattenritzen platziert. Wärmekeimer. Das Zimbelkraut hat eine biologische Eigentümlichkeit: Die dem Licht zuwachsenden Blütenstiele wenden sich nach der Befruchtung vom Licht ab, um die Samen näher bei den Ritzen ausstreuen zu können. Selbstaussaat ist die Regel.

Weitere Arten:

Langstieliges Zimbelkraut
(Cymbalaria longipes)

Kleinkelchiges Zimbelkraut
(Cymbalaria microcalyx)

Blasses Zimbelkraut
(Cymbalaria pallida)

Geeignete Partner Zierliche Glockenblume *(Campanula cochleariifolia)*, Zerbrechlicher Blasenfarn *(Cystopteris fragilis)*, Feder-Nelke *(Dianthus plumarius)*, Goldlack *(Erysimum cheiri)*, Gelber Lerchensporn *(Pseudofumaria lutea)*, Keilblättriger Steinbrech *(Saxifraga cuneifolia)*, Felsen-Mauerpfeffer *(Sedum rupestre)*.

Nutzen

Wildgemüse: Die leicht bitteren, vitaminreichen Blätter können kulinarisch ähnlich wie Kresse genutzt werden.

Wildtiere: Wertvoller Nektarspender für langrüsselige Hummeln und Schmetterlinge wie das Taubenschwänzchen. Kurzrüsselige Hummeln und Bienen begehen oft Blüteneinbruch und beißen den Sporn von außen durch, um an den Nektar zu gelangen.

Steckbrief 1–3 cm hohe, kriechende, sehr kompakte, immergrüne, Matten bildende Staude. Blätter sukkulent, oberseits abgeflacht, besonders im Winter dunkelpurpurrot. Blüten weiß, 1–1,5 cm im Durchmesser, sich nur bei Sonnenschein öffnend.

Name Benannt zu Ehren des britischen Botanikers und Entdeckers Joseph Burtt Davy (1870–1940), der das National-Herbarium in Pretoria begründete.

Standort & Boden Bevorzugt durchlässige, karge, kalkarme Sandböden und sonnige Standorte. Als Bodendecker besonders für Steingärten, extensiv begrünte Flachdächer und Mauerkronen geeignet.

Eigenschaften Trockenheitsverträglich, langsam wachsend, winternässeempfindlich, in niederschlagsreichen Gegenden ist ein winterlicher Nässeschutz empfehlenswert. Frühjahrspflanzung ist ratsam. 16 Pfl./m².

Kulturpflanze Beheimatet im Hochgebirge Südafrikas und Lesothos. Mittagsblumen werden in zahlreichen Arten und Hybriden im Pflanzenhandel angeboten, so 'Lucia' mit orangefarbenen Blütenblättern und weißer Mitte, 'Kleine Rote' mit roten Blütenblättern und rosa Mitte oder 'Wheels of Wonder' als einjährige Mischung mit unterschiedlichen, prächtigen Blütenfarben.

Vermehrung Am einfachsten durch Stecklinge, aber auch Teilung des Wurzelballens im Frühling oder Aussaat der Samen unter Glas ab Februar ist möglich.

Weitere Arten:

Coopers Mittagsblume
(Delosperma cooperi)

Lesotho-Mittagsblume
(Delosperma nubigenum)

Einjährige Mittagsblume
(Delosperma 'Wheels of Wonder')

Dunkle Mittagsblume

Delosperma davyi
(Syn.: *Delosperma alpina*)
(Mittagsblumengewächs)

Blütezeit: April bis Mai

Geeignete Partner Coopers Mittagsblume *(Delosperma cooperi)*, Lesotho-Mittagsblume *(Delosperma nubigenum)*, Rosetten-Rosenwurz *(Rhodiola pachyclados)*, Gelber Felsen-Mauerpfeffer (*Sedum rupestre* 'Angelina'), Siebolds Mauerpfeffer *(Sedum sieboldii)*, Dach-Hauswurz *(Sempervivum tectorum)*.

Nutzen
Wildtiere: Gute Insektenweide.

Gelbe Elfenblume

Epimedium ×perralchicum
(Berberitzengewächs)

Blütezeit: April bis Mai

Steckbrief 15–35 cm hohe, langlebige Staude mit behaarten Stängeln und Blattstielen. Blätter gezähnt bis ganzrandig, jung behaart und oft purpurbraun überlaufen. Blüten in lockeren Rispen, vierzählig, gelb, innere Kronblätter mit einem kurzen, braunen Sporn.

Standort & Boden Bevorzugt frische bis mäßig trockene, mäßig nährstoffreiche, humose Mullböden in halbschattiger Lage. Eignet sich als Bodendecker besonders im Schatten unter Gehölzen, weil die Elfenblume den herbstlichen Laubfall und auch trockenen Schatten toleriert.

Eigenschaften Nicht schneckengefährdet, kann dem Wurzeldruck von Bäumen gut standhalten, trockenheitstolerant, leicht giftig. Um die elfengleichen Blüten besonders zur Geltung zu bringen, sollte das alte braune Laub vor dem Neuaustrieb im Frühling abgeschnitten werden. Dies kann auch mit dem Rasenmäher geschehen, sollte aber im zeitigen Frühjahr durchgeführt werden, damit der zarte Blütenaustrieb unbeschadet bleibt. 12 Pfl./m².

Kulturpflanze Hybride aus der nordafrikanischen *Epimedium perralderianum* und der asiatischen *E. pinnatum* subsp. *colchicum*. Besonders attraktiv sind Sorten wie 'Frohnleiten' mit kupferfarbenem Laub und kompaktem Wuchs.

Vermehrung Am besten durch Stockteilung im späten Frühling nach dem Ausreifen der Blätter. Die Vermehrung über Rhizomschnittlinge ist möglich, aber aufwendig (sollte im Spätwinter unter Glas passieren). Vermehrt sich selbst über Rhizome.

Geeignete Partner Kaukasusvergissmeinnicht (*Brunnera macrophylla*), Großwurzel-Storchschnabel (*Geranium macrorrhizum*), Buntblättriges Purpurglöckchen (*Heuchera* cvar.), Frühlings-Gedenkemein (*Omphalodes verna*), Herzblättrige Schaumblüte (*Tiarella cordifolia*), Kleines Immergrün (*Vinca minor*), Dreiblättrige Waldsteinie (*Waldsteinia ternata*).

Nutzen

Boden: Durch das dichte Rhizomgeflecht ein wertvoller Bodenfestiger für humose Böschungen.
Wildtiere: Das dichte Laubwerk bietet Insekten und anderen Tieren Rückzugsmöglichkeiten.

Weitere Arten:

Alpen-Elfenblume
(Epimedium alpinum)

Großblütige Elfenblume
(Epimedium grandiflorum)

Schwefelgelbe Elfenblume
(Epimedium ×versicolor)

Schnee-Heide

Erica carnea
(Heidegewächs)

Blütezeit: Februar bis April

Steckbrief 15–30 cm hoher, immergrüner Zwergstrauch mit kahlen, nadelartigen Blättern, deren Rand umgerollt ist. Blüten purpurrosa, ca. 5 mm lang, mit 2–3 mm langen Blütenstielen.

Standort & Boden Bevorzugt mäßig trockene bis frische, sandige, kalkreiche, humose Lehmböden mit gutem Wasserabzug und absonnige bis halbschattige, luftfeuchte Standorte. Als Bodendecker besonders für Tröge, Vorgärten, Heidegärten, Gehölzsäume und Alpengärten geeignet.

Eigenschaften Empfindlich gegen längere Trockenperioden, verdichtete Böden, Hitze, Wind und Staunässe. Frosthart. Flachwurzler. Ein Rückschnitt unterhalb der letzten Blüte unmittelbar nach dem Verblühen fördert Knospenbildung und Kompaktheit. 15 Pfl./m².

Kulturpflanze Heimische Art, als Kulturpflanze ein Spätzünder. Obwohl lange bekannt, setzte sich die Schnee-Heide erst Mitte des 19. Jahrhunderts als Gartengehölz durch. Heute zählt sie zu den wichtigen Bodendeckern und Heidesträuchern unserer Gärten. In zahlreichen Sorten wie 'Antje' oder 'Isabell' im Pflanzenhandel.

Vermehrung Am besten durch 3–4 cm lange Stecklinge von einjährigen Trieben im Sommer. Samenvermehrung ist möglich. Lichtkeimer.

Weitere Arten:

Bäumchen-Heide
(Erica arborea)

Glocken-Heide
(Erica tetralix)

Cornwall-Heide
(Erica vagans)

Geeignete Partner Regensburger Zwerggeißklee *(Chamaecytisus ratisbonensis)*, Flaumiger Seidelbast *(Daphne cneorum)*, Heide-Ginster *(Genista pilosa)*, Zwerg-Kiefer *(Pinus mugo)*, Buchs-Kreuzblume *(Polygala chamaebuxus)*

Nutzen

Wildtiere: Auf Heidegewächse angewiesen ist die Heidekraut-Seidenbiene *(Colletes succinctus)*. Raupen-Futterpflanze unter anderem für Heidekrauteulchen *(Anarta myrtilli)* und Gebänderten Heidekraut-Blütenspanner *(Eupithecia nanata)*. Wichtiger Nektarspender, wenn im Vorfrühling die Auswahl an Blüten noch spärlich ist. Aus dem Grund werden die Bienenkörbe von den Imkern gerne zu Schneeheide-Beständen gebracht. Auch Schmetterlinge und sogar Hummeln naschen am Nektar.

Steckbrief 10–25 cm hohe, sommergrüne Staude mit gefiederten Blättern und purpurrosa Blüten. Kronblätter schön gezeichnet mit dunkler Aderung und purpurrot-weißer Zeichnung der oberen Blütenblätter. Frucht mit bis 6 cm langem Schnabel.

Name Benannt nach dem französischen Botaniker, Agronom und Politiker Jean André Manescau de Pau (1791–1875). Als Bergsteiger bereiste er oft das Ossau-Massiv in den Pyrenäen. Dort fanden er und sein Freund Pierrine Gaston-Sacaze (1797–1893) 1843 den Reiherschnabel, den Gaston-Sacaze nach ihm *Erodium manescavii* benannte.

Standort & Boden Bevorzugt durchlässige, kalkhaltige Böden und sonnige Standorte. Als Bodendecker besonders für Kiesgärten, Alpengärten, Tröge und Staudenbeete geeignet.

Eigenschaften Ein Teilen alle zwei bis drei Jahre steigert die Blühwilligkeit. 10 Pfl./m².

Kulturpflanze Beheimatet in den Pyrenäen. Die Pflanze wurde von der Royal Horticultural Society mit dem „Award of Garden Merit" ausgezeichnet. Sehr ähnlich und häufiger in gärtnerischer Kultur ist der Große Reiherschnabel (*Erodium ×hybridum*). Er entstand in der Alpenpflanzengärtnerei Sündermann aus *E. daucoides* × *E. manescavii* und bleibt steril, was sich auf eine längere Blütezeit auswirkt.

Weitere Arten:

Blassgelber Reiherschnabel
(*Erodium chrysanthum*)

Silber-Reiherschnabel
(*Erodium ×kolbianum*)

Großer Reiherschnabel
(*Erodium ×hybridum*)

Pyrenäen-Reiherschnabel

Erodium manescavii
(Storchschnabelgewächs)

Blütezeit: Mai bis Juni, oft mit Nachblüten

Vermehrung Durch Teilung im Frühjahr oder Aussaat.

Geeignete Partner Perlkörbchen *(Anaphalis triplinervis)*, Alpen-Aster *(Aster alpinus)*, Felsen-Steinkraut *(Aurinia saxatilis)*, Dalmatinische Glockenblume *(Campanula portenschlagiana)*, Bärenfell-Schwingel *(Festuca gautieri)*, Enzianblauer Steinsame *(Lithodora diffusa)*, Großer Ehrenpreis *(Veronica teucrium)*.

Nutzen
Wildtiere: Bienenweide für zahlreiche Insekten.

Steckbrief 5–20 cm hohe Staude mit langen Ausläufern und dreigeteilten, gezähnten Blättern. Kronblätter weiß, 5–6 mm lang. Sammelfrucht rot, schmackhaft.

Standort & Boden Helle bis halbschattige Standorte und frische, mäßig nährstoffreiche, kalkhaltige Böden sind die Idealbedingungen für die anspruchslose Wald-Erdbeere. Hervorragender heimischer Bodendecker für Obstgärten, Böschungen, zwischen Bäumen und Sträuchern anstatt des Mulches oder als Einfassung am Wegesrand. Außerdem für Hängeampeln und Tröge geeignet.

Eigenschaften Verträgt eine ein- bis zweimalige Mahd im Jahr, bei entsprechender Schnitthöhe auch mehrfachen Schnitt. 16 Pfl./m².

Kulturpflanze Heimische Art, besonders in der monatelang tragenden Varietät *semperflorens* im Pflanzenhandel mit zahlreichen Sorten wie 'Alexandria', 'Rügen' oder 'Verbesserte Rügen'.

Vermehrung Am einfachsten durch Abtrennen der bewurzelten Ausläufer. Vermehrt sich selbst über Ausläufer und Samen, die als Nüsschen auf den Früchten sitzen.

Geeignete Partner Rosa Erdbeere (*Fragaria ×ananassa* 'Fruirose'), Moschus-Erdbeere (*Fragaria moschata*), Waldmeister (*Galium odoratum*), Gundelrebe (*Glechoma hederacea*), Erdbeer-Himbeere (*Rubus illecebrosus*).

Nutzen

Wildobst, Wildgemüse: Die jungen Blätter können zu Salat verarbeitet werden, ältere Blätter sind zur Bereitung von Teegetränken verwendbar. Die essbaren Blüten schmücken Tellerränder und Desserts. Die allseits bekannten Erdbeerfrüchte eignen sich als Naschobst.

Arzneipflanze: Wald-Erdbeeren wirken leicht entzündungshemmend, diätetisch, appetitanregend, reinigend und harntreibend. Blätter, die man ins Badewasser gibt, helfen bei empfindlicher und entzündeter Haut. Außerdem werden die Blätter in der Volksheilkunde bei leichten Durchfallerkrankungen und zum Gurgeln bei entzündeten Mundschleimhäuten genutzt. Die in den Erdbeerfrüchten enthaltenen Catechine binden im Organismus Schwermetalle. Darüber hinaus sind sie reich an Folsäure, Kalzium, Magnesium und Eisen.

Wildtiere: Die süßen Früchte schmecken nicht nur uns Menschen, sondern auch anderen Säugetieren wie Rotfuchs, Dachs, Igel, Eichhörnchen, Spitzmaus oder Siebenschläfer. Vögel wie Amsel, Hausrotschwanz, Drossel, Mönchsgrasmücke oder Rotkehlchen lieben Erdbeeren genauso wie Ameisen, die sie mit in ihren Bau nehmen und so zur Verbreitung beitragen.
Honigbienen, sieben Sandbienenarten, vier Furchenbienen und eine Mauerbienenart nutzen den Pollen. Raupen-Futterpflanze unter anderem für Kleinen Würfel-Dickkopffalter (*Pyrgus malvae*), Buschhalden-Blattspanner (*Chloroclysta citrata*) und Brombeerspinner (*Macrothylacia rubi*).

Weitere Arten:

Wald-Erdbeere
(*Fragaria vesca*)

Wald-Erdbeere
(*Fragaria vesca*), Herbstfärbung

Rosa Erdbeere
(*Fragaria ×ananassa* 'Fruirose')

Wald-Erdbeere

Fragaria vesca
(Rosengewächs)

Blütezeit: April bis Mai

Steckbrief 10–20 cm hohe, sommergrüne Staude mit weißen, 4-zähligen Blüten. Untere Blätter zu 6, obere zu 8 quirlständig.

Standort & Boden Bevorzugt kalkreiche Humusböden in halbschattiger Lage. Als Bodendecker für Schattengärten und zwischen Laubgehölzen, aber auch für den Kräutergarten, für Tröge und in Blumenkästen geeignet.

Eigenschaften Nicht durch Schnecken gefährdet. 14 Pfl./m².

Kulturpflanze Heimische Art, erst in neuester Zeit wieder in Mode gekommen als Bodendecker und Pflanze für Blumenkästen.

Vermehrung Am besten durch Stockteilung im Frühjahr oder Herbst.

Geeignete Partner Wurmfarn *(Dryopteris filix-mas)*, Alpen-Elfenblume *(Epimedium alpinum)*, Wald-Erdbeere *(Fragaria vesca)*, Schaftdolde *(Hacquetia epipactis)*, Frühlings-Platterbse *(Lathyrus vernus)*, Echtes Lungenkraut *(Pulmonaria officinalis)*, Knollen-Beinwell *(Symphytum tuberosum)*, Kleines Immergrün *(Vinca minor)*.

Nutzen

Wildgewürz: Die Triebspitzen dienen zum Aromatisieren von Wein, Saft, Sekt, Milch, Likör und Desserts. Vor Gebrauch werden dazu die Triebe einige Stunden angewelkt, erst dann entwickelt sich der typische Duft. Geerntet wird vor der Blüte oder zu Blühbeginn im April/Mai.

Arzneipflanze: Waldmeister wird in Fertigpräparaten gegen Durchblutungsstörungen, Venenschwäche und Hämorrhoiden angeboten. In der Volksheilkunde findet er vor allem bei Schlaflosigkeit in Teezubereitungen Anwendung. Durch das enthaltene Cumarin kann es bei zu reichlichem Genuss von Waldmeisterzubereitungen zu Kopfschmerzen und Benommenheit kommen.

Färbe- und Duftpflanze: Mit den Wurzeln lässt sich Wolle rötlich färben. Angewelkte Waldmeisterblätter erfrischen Räume mit abgestandener Luft. Waldmeister-Mottensäckchen: Waldmeisterkraut kurz vor der Blüte oder zu Blühbeginn schneiden und zum Trocknen ausbreiten. Das völlig trockene Kraut in ein Leinensäckchen füllen und zubinden. In den Kleiderschrank gelegt, hält es Motten ab. Nach einem Jahr sollte der Inhalt des Säckchens erneuert werden.

Wildtiere: Die kleinen Blüten besitzen eine radförmig flach ausgebreitete Blumenkrone, sodass der freiliegende Nektar auch kurzrüsseligen Insekten zugänglich ist. Ein Drüsenring an der Basis des Griffels sondert den Nektar ab. Die Blüten werden hauptsächlich von Fliegen, Honigbienen, Mücken und Käfern besucht, die den Pollen mit den Beinen von einer Blüte zur anderen tragen. Raupen-Futterpflanze unter anderem für Dunkelroten Bergwald-Blattspanner *(Catarhoe rubidata)*, Olivgrünen Bergwald-Blattspanner *(Catarhoe olivata)*, Schluchten-Labkrautspanner *(Nebula tophaceata)*, Labkraut-Kleinspanner *(Scopula floslactata)* und Rauchbraunen Labkraut-Blattspanner *(Lampropteryx suffumata)*.

Weitere Arten:

Echtes Labkraut
(Galium verum)

Polster-Meister
(Asperula boissieri)

Gewimpertes Kreuzlabkraut
(Cruciata laevipes)

Waldmeister

Galium odoratum
(Rötegewächs)

Blütezeit: Mai

Cambridge-Storchschnabel

Geranium ×cantabrigiense
(Storchschnabelgewächs)

Blütezeit: Mai bis Juni

Steckbrief 10–25 cm hohe, langlebige, aromatisch riechende Staude mit in milden Wintern immergünen Blättern. Blätter handförmig gespalten. Blüten je nach Sorte weiß, hellrosa oder kräftig rosa. Blütenblätter leicht zurückgeschlagen.

Standort & Boden Bevorzugt trockene, kalkreiche, steinige, mäßig nährstoffreiche Böden und sonnige bis halbschattige Standorte. Eignet sich als Bodendecker für Felsgärten, öffentliches Grün, Staudenbeete, Wegränder, Tröge und als Unterpflanzung von Gehölzen.

Eigenschaften Wärmeliebend, hitzeverträglich, frosthart, robust und anspruchslos, nicht schneckengefährdet. Bei schweren, winternassen Böden kann es zum Abfaulen des Rhizoms kommen. Hunde mögen den Geruch der ätherischen Öle nicht und halten sich meist fern. 15 Pfl./m².

Kulturpflanze Sterile Hybride aus den beiden südosteuropäischen Arten Dalmatischer Storchschnabel *(Geranium dalmaticum)* und Großwurzel-Storchschnabel *(Geranium macrorrhizum)*. In mehreren Sorten im Pflanzenhandel, so 'Biokovo', eine besonders ausdauernde und trockenheitsverträgliche Naturauslese aus dem kroatischen Biokovo-Gebirge, oder 'Berggarten' mit kräftig rosa Blüten, im Herbst leuchtend rotem Laub und der Bewertung „ausgezeichnet" in der Staudensichtung. 'Cambridge' entstand 1974 in England und zeigt einfarbig rosa Blüten.

Vermehrung Erfolgt über Teilung im zeitigen Frühjahr oder durch Wurzelschnittlinge von September bis März bei nicht gefrorenem Boden.

Geeignete Partner Gelbe Elfenblume *(Epimedium ×perralchicum)*, Apenninen-Reiherschnabel *(Erodium alpinum)*, Guicciardi-Reiherschnabel *(Erodium guicciardii)*, Silber-Storchschnabel *(Geranium argenteum)*, Grauer Storchschnabel *(Geranium cinereum)*, Kaukasus-Storchschnabel *(Geranium renardii)*, Blut-Storchschnabel *(Geranium sanguineum)*.

Nutzen

Wildtiere: Storchschnabel-Blütenblätter dienen der Mauerbiene *Osmia tergestensis* zum Bauen ihrer Brutzellen. Diese sind dreilagig und bestehen aus zwei Schichten Blütenblattstücken, die durch eine mittlere Schicht aus Erde miteinander verklebt sind. Wertvolle Insektennahrungspflanze. Neben Honigbienen und Hummeln gehören Wildbienen wie Mauerbienen, Sandbienen, Scherenbienen, Furchenbienen und Maskenbienen zu den häufigsten Gästen. Nektar saugend können u. a. Aurorafalter, Tagpfauenauge, Veilchen-Perlmuttfalter, Ockergelber Dickkopffalter, Schwarzkolbiger Braun-Dickkopffalter und Storchschnabel-Bläuling beobachtet werden.

Weitere Arten:

Großwurzel-Storchschnabel
(Geranium macrorrhizum)

Renard-Storchschnabel
(Geranium renardii)

Rozanne-Storchschnabel
(Geranium 'Rozanne')

Steckbrief 10–25 cm hohe, niederliegende, am Grunde verholzende Staude mit immergrünen, lanzettlichen, graugrünen Blättern und leuchtend blauen, trichterförmigen Blüten.

Standort & Boden Bevorzugt trockene, durchlässige, stein- und sandreiche Böden in sonniger, geschützter Lage. Als Bodendecker geeignet für Steingärten, Tröge, Gründächer, Wegeinfassungen und Vorgärten.

Eigenschaften Ein gelegentlicher Rückschnitt alle paar Jahre bewirkt einen dichteren Wuchs. 16 Pfl./m².

Kulturpflanze Beheimatet in den östlichen Pyrenäen. Von der sehr ähnlichen *Glandora diffusa* finden sich auch einige Sorten wie 'Cambridge Blue', 'Heavenly Blue' oder 'Grace Ward' im Pflanzenhandel. 'Star' hat zweifarbig blau-weiße Blüten.

Vermehrung Durch Abtrennen der unterirdischen bewurzelten Ausläufer oder durch Stecklinge im Sommer.

Geeignete Partner Karpaten-Glockenblume *(Campanula carpatica)*, Blut-Storchschnabel *(Geranium sanguineum)*, Schwert-Alant *(Inula ensifolia)*, Gras-Schwertlilie *(Iris graminea)*, Breitblättrige Platterbse *(Lathyrus latifolius)*, Wiesen-Schlüsselblume *(Primula veris)*, Bibernell-Rose *(Rosa spinosissima)*, Berg-Bohnenkraut *(Satureja montana)*, Großer Ehrenpreis *(Veronica teucrium)*.

Nutzen

Wildtiere: Vor allem Hummeln und Bienen nutzen die Trichterblume des Nektars wegen.

Weitere Arten:

Gaston-Steinsame
(Glandora gastonii)

Enzianblauer Steinsame
(Lithodora diffusa)

Blauroter Steinsame
(Buglossoides purpurocaerulea)

Olivenblatt-Steinsame

Glandora oleifolia
(Syn.: *Lithodora oleifolia*)
(Raublattgewächs)

Blütezeit: April bis Mai

Schaftdolde

Hacquetia epipactis
(Doldenblütler)

Blütezeit: März bis Mai

Steckbrief 8–20 cm hohe, langlebige, sommergrüne Staude. Blätter alle grundständig, 3- bis 5-schnittig, langgestielt, Blattstiel dreikantig. Hüllblätter grün, auffallend, vorne stumpf, gesägt bis gekerbt.

Name Zu Ehren des Botanikers und Bergsteigers Balthasar Hacquet (1739–1815) benannt. Hacquet nahm 1773 eine Berufung als Universitätsprofessor für Anatomie in Laibach an. In seiner Freizeit widmete er sich botanischen und mineralischen Studien und entdeckte die Liebe zu den untersteirischen Bergen. 1777 unternahm er den ersten Versuch, den Triglav zu ersteigen. 1796 veröffentlichte er eine Anleitung für Bergsteiger. Darin sind Steigeisen und Seile und deren Gebrauch angeführt, auch aus ölgetränkten Stricken selbst verfertigte Kletterschuhe und Anweisungen über Kleidung, Proviant und die günstigste Zeit zum Bergsteigen.

Standort & Boden Bevorzugt frische, humoslehmige, kalkreiche Böden und einen halbschattigen bis schattigen Standort. Als Bodendecker besonders für Schattengärten und baumbestandene Parkanlagen geeignet.

Eigenschaften Langlebig, auf Standortwechsel und ständige Eingriffe reagiert die Schaftdolde empfindlich. Sie liebt einen Platz, an dem sie Jahre oder Jahrzehnte lang ungestört sein kann. 12 Pfl./m².

Kulturpflanze Beheimatet in den Südostalpen und Karpaten, seit dem 19. Jahrhundert in gärtnerischer Kultur. Die Sorte 'Thor' hat grün-weiße Hoch- und Laubblätter, die nicht ausgrünen.

Weitere Arten:

Große Sterndolde
(*Astrantia major*)

Große Sterndolde
(*Astrantia major* 'Hadspan Blood')

Große Sterndolde
(*Astrantia major* var. *involucrata*)

Vermehrung Durch Teilung oder Aussaat direkt nach der Samenreife. Kältekeimer. Selbstaussaat.

Geeignete Partner Maiglöckchen *(Convallaria majalis)*, Hohler Lerchensporn *(Corydalis cava)*, Alpen-Elfenblume *(Epimedium alpinum)*, Hundszahnlilie *(Erythronium dens-canis)*, Schneerose *(Helleborus niger)*, Leberblümchen *(Hepatica nobilis)*, Frühlings-Gedenkemein *(Omphalodes verna)*, Stängellose Primel *(Primula vulgaris)*.

Nutzen

Wildtiere: Vom Pollen profitieren vor allem Fliegen, Schwebfliegen und Käfer. Gelegentlich kann man auch Bienen, Hummeln und Schmetterlinge an den Blüten antreffen.

Kahles Bruchkraut

Herniaria glabra
(Nelkengewächs)

Blütezeit: Juni bis August

Steckbrief 1–3 cm hohe, flach am Boden anliegende, wintergrüne Staude mit gelbgrünen, nicht selten leicht orange gefärbten, eiförmigen, fleischigen Blättern und unscheinbaren, grünlich gelben, knäuelartig angeordneten Blüten.

Standort & Boden Bevorzugt trockene, sandige, nährstoffarme, eher saure Böden und vollsonnige, warme Standorte. Eignet sich als Bodendecker für Steinritzen, Pflasterfugen, Tröge, Gräber, Gründächer und Steinrasen. Auch als Rasenersatz, aber nur für äußerst extensiv betretene Flächen.

Eigenschaften Kurzlebige Staude, samt sich aber selbstständig wieder aus, bedingt trittfest, anspruchslos. 20 Pfl./m².

Kulturpflanze Heimische Pflanze, die erst seit relativ kurzer Zeit Einzug in die heimische Gartengestaltung gefunden hat. Interessant ist das Farbspiel der Blätter, das von Grün über Gelbgrün bis Orange reicht und besonders über dunklem Untergrund zur Wirkung kommt. Bei den im Pflanzenhandel zu findenden Sorte wie 'Green Carpet' oder 'Serpyllifolia' handelt es sich um die Wildform.

Vermehrung Durch Aussaat, in der Regel Selbstaussaat.

Weitere Arten:

Dornnelke
(Drypis spinosa)

Polster-Miere
(Minuartia sedoides)

Stern-Miere
(Minuartia stellata)

Geeignete Partner Dornnelke *(Drypis spinosa)*, Blau-Schwingel *(Festuca cinerea)*, Anden-Fiederpolster *(Leptinella squalida)*, Porzellanröschen *(Lewisia cotyledon)*, Stern-Miere *(Minuartia stellata)*, Dach-Hauswurz *(Sempervivum tectorum)*.

Nutzen

Boden: Bruchkraut schützt Sandböden vor Ausschwemmung, besonders Plattenfugen mit Sand untergrund, und begrünt Böden, wo Rasen nicht mehr mitkommt.

Arzneipflanze: Dank seiner antimikrobiellen Wirkung bei Blasen- und Harnleitererkrankungen eingesetzt.

Steckbrief 10–40 cm hohe, wintergrüne Staude mit rundlichen, gelappten bis gezähnten Blattspreiten unterschiedlichster Farbe. Blüten je nach Sorte vernachlässigbar bis attraktiv rosa in Glöckchenform.

Name *Heuchera* ist zu Ehren des deutschen Naturwissenschaftlers Johann Heinrich von Heucher (1677–1746) benannt. Der in Wien geborene Museumsdirektor war Leibarzt von August dem Starken, Gründer und Leiter des Botanischen Gartens Wittenberg und als Generalinspektor des Dresdner Museums für alle naturhistorischen Sammlungen zuständig. 1729 wurde der hoch angesehene Heucher vom Kaiser geadelt.

Standort & Boden Bevorzugt frische, lockere, humus- und nährstoffreiche Böden und halbschattige bis absonnige Standorte. Als Bodendecker besonders für Schattengärten, Vorgärten und Wegeinfassungen geeignet.

Eigenschaften *Heuchera* wird relativ tief gesetzt, weil sie mit der Zeit nach oben wandert. Ein regelmäßiges Teilen alle paar Jahre erhält die Langlebigkeit und Farbenfreude der Pflanzen. Anfällig gegenüber Dickmaulrüssler. 10 Pfl./m².

Kulturpflanze Nordamerikanische Gattung. Als erste Art kam *Heuchera americana* nach Europa, über die Gleditsch schrieb: „Ihre schmutzigroten Blüten sind zwar ohne jegliche Schönheit, doch wird die Pflanze wegen ihres fremden Ansehens unterhalten." 1880 kam durch den englischen Botaniker Murray das Blutrote Purpurglöckchen *(H. sanguinea)* nach Europa, worauf bald die Zucht einsetzte und sich das Bild der Gattung schlagartig änderte. Anfänglich waren es vor allem der französische Gärtner Lemoine, der deutsche Gartenbaubetrieb Arends und der englische Züchter Bloom, die sich intensiv mit der *Heuchera*-Kultur beschäftigten. Die Zucht als Blattschmuckstaude begann mit dem Auffinden eines Zufallssämlings von *H. micrantha* 'Palace Purple' mit braunrotem Laub in Kew Gardens. Der Durchbruch gelang mit *Heuchera* 'Montrose Ruby', einem Zufallssämling von *H. micrantha* 'Palace Purple' × *H. americana* 'Dale's Strain'. Züchter wie Dan Heims oder Charles und Martha Oliver haben inzwischen *Heuchera*-Hybriden in den Handel gebracht, die neben schönen mehrfarbigen Blättern auch ansehnliche Blüten besitzen. Mittlerweile ist die Zahl der *Heuchera*-Sorten kaum überblickbar, und jedes Jahr kommen neue auf den Markt.

Vermehrung Durch Teilung nach der Blüte oder Kopfstecklinge im Frühling. 'Palace Purple' lässt sich auch über Samen sortenecht vermehren.

Geeignete Partner Astilbe *(Astilbe ×arendsii)*, Große Sterndolde *(Astrantia major)*, Breitblatt-Segge *(Carex siderosticta)*, Wald-Schmiele *(Deschampsia cespitosa)*, Brauner Storchschnabel *(Geranium phaeum)*, Funkie (*Hosta* cvar.), Grünes Kopfgras *(Sesleria heufleriana)*, Herzblättrige Schaumblüte *(Tiarella cordifolia)*.

Nutzen

Wildtiere: Durch die reiche Blattmasse gute Rückzugsflächen für Kleinlebewesen.

Weitere Sorten:

Buntblättriges Purpurglöckchen (*Heuchera* ×cult.)

Buntblättriges Purpurglöckchen (*Heuchera* 'Palace Purple')

Buntblättriges Purpurglöckchen (*Heuchera* 'Stainless Steel')

Buntblättriges Purpurglöckchen

Heuchera ×cult.
(Steinbrechgewächs)

Blütezeit: Juni

Orangerotes Habichts-kraut

Hieracium aurantiacum
(Korbblütler)

Blütezeit: Juni, oft mit Nachblüten bis in den Herbst

Steckbrief 1–5 cm hohe, immergrüne Staude, zur Blütezeit 20–40 cm hoch, mit ober- oder unterirdischen Ausläufern. Stängel und Blätter dunkel behaart. Korbstand mit 4–10 orangegelben bis orangeroten Blütenkörben.

Standort & Boden Bevorzugt frische bis mäßig trockene, saure, nährstoffarme Böden und kühle, sonnige Lagen. Als Bodendecker besonders geeignet für Heidegärten, extensive Gründächer, Naturgärten, Trockenmauern und Sandrasen.

Eigenschaften Anspruchslos, trittfest bei geringer Nutzung, verträgt eine mehrmalige Mahd im Jahr. Ein Rückschnitt nach der ersten Blüte bis zur Rosette erbringt in der Regel einen zweiten Flor. 12 Pfl./m^2.

Kulturpflanze Wahrscheinlich begann die Gartenkultur der heimischen Art im 16. Jahrhundert in der Nachbarschaft ihrer Wildvorkommen. 1613 erscheint sie erstmals im Hortus Eystettensis, und 1773 lobte sie Gleditsch als angenehmes, dauerhaftes Staudengewächs. Von nun an verbreitete sich das Orangerote Habichtskraut rasch in den bürgerlichen und bäuerlichen Gärten. Karl Förster warnt in seinem Steingartenbuch vor dem Ausbreitungsdrang der Art, lobt aber andererseits die Naturhybride Orangerotes Habichtskraut *Hieracium ×rubrum* als unentbehrlich.

Vermehrung Am einfachsten durch Abtrennen der bewurzelten Ausläufer. Kann durch Selbstaussaat überhandnehmen.

Weitere Arten:

Rotes Habichtskraut
(*Hieracium ×rubrum*)

Mausohr-Habichtskraut
(*Hieracium pilosella*)

Zottiges Habichtskraut
(*Hieracium villosum*)

Geeignete Partner Wiesen-Schafgarbe *(Achillea millefolium)*, Weicher Frauenmantel *(Alchemilla mollis)*, Heidekraut *(Calluna vulgaris)*, Mausohr-Habichtskraut *(Hieracium pilosella)*, Heide-Quendel *(Thymus pulegioides)*.

Nutzen

Boden: Die Ausläufer mit den bodenanliegenden Rosetten halten das Erdreich und festigen Trockenmauern.

Wildgemüse: Die Blütenknospen können roh oder gekocht verwendet werden. Die Blütenkörbe geben eine essbare Dekoration für Speisen ab.

Wildtiere: Die Blütenblätter dienen der Mauerbiene *Osmia tergestensis* beim Bau ihrer Brutzellen. Diese sind dreilagig und bestehen aus zwei Schichten Blütenblattstucken, die durch eine mittlere Schicht aus Erde miteinander verklebt sind. Pollenspender für Mauer-, Sand-, Furchen-, Blattschneider-, Glanz- und Honigbienen, Hummeln, Schwebfliegen, Käfer und Tagfalter. Zu den typischen Blütenbesuchern gehören Arten wie Zottiger Rosenkäfer, Vierpunktprachtkäfer, Postillon, Goldene Acht und Kleiner Feuerfalter.

Steckbrief 10–30 cm hohe Mehrjährige mit stängelständigen, 3,5–9 cm langen Blättern mit eiförmigen, spitzen oder zugespitzten, am Grund herzförmigen Spreiten; diese bei der Sorte 'Chameleon' mehrfarbig. Blütenstand am Grund mit 4–6 weißen Hochblättern, 1–3 cm lang.

Name Benannt zu Ehren des niederländischen Arztes und Naturforschers Maarten Houttuyn (1720–1798), Verfasser eines 37-bändigen Werkes, das auf Linnés natürlichem System basiert und eine Reihe von ähnlichen Werken beeinflusste. Houttuyn benannte eine Gattung der Schwertliliengewächse nach sich selbst, was eher ein ungeschriebenes Tabu ist. Solch ein Vorgehen ist nur von ganz wenigen anderen Fällen bekannt, so bei *Rafinesquia* und *Roezlia*. Houttuyns Name ist heute ein „nomen rejicienda" für die gültige Gattung *Ixia*.

Standort & Boden Bevorzugt frische bis feuchte, eher nährstoffreiche, humose, kalkarme Böden und halbschattige bis absonnige Standorte. Die intensiv bunte Laubfärbung der Sorte 'Chameleon' wird aber nur in sonniger Lage ausgebildet. Als Bodendecker besonders geeignet für Schattengärten und Teichränder.

Eigenschaften Rhizomsperren können bei einem eventuell zu starken Ausbreitungsdrang hilfreich sein. Empfindlich gegenüber Trockenheit. 12 Pfl./m².

Kulturpflanze In Ost- und Südostasien beheimatete Art, die in Europa seit spätestens 1904 gärtnerisch genutzt wird. Hier vor allem die Sorte 'Chameleon' mit dreifarbig grün-gelb-rosa Blättern.

Vermehrung Durch Abtrennen bewurzelter Ausläufer im Sommer.

Geeignete Partner Breitblatt-Segge (*Carex siderosticta* 'Variegata'), Silberblatt-Goldnessel (*Lamium argentatum*), Pfennigkraut (*Lysimachia nummularia*), Kriechendes Lippenmäulchen (*Mazus miquelii*), Weicher Schildfarn (*Polystichum setiferum* 'Plumosum').

Nutzen

Wildgemüse: In Ostasien auch als Heil- und Gemüsepflanze kultiviert. Die Blätter haben einen fischigen Geschmack, der für Mitteleuropäer eher gewöhnungsbedürftig ist.

Wildtiere: Nahrungsquelle für verschiedene Insekten wie Bienen, Hummeln, Schmetterlinge und Schwebfliegen.

Weitere Sorten:

Herzblättrige Houttuynie
(Houttuynia cordata)

Herzblättrige Houttuynie
(Houttuynia cordata 'Chameleon')

Herzblättrige Houttuynie
(Houttuynia cordata 'Plena')

Herzblättrige Houttuynie

Houttuynia cordata
(Eidechsenschwanzgewächs)

Blütezeit: Mai bis Juni

Olymp-Johannis-kraut

Hypericum olympicum
(Johanniskrautgewächs)

Blütezeit: Juni bis Juli

Steckbrief 15–25 cm hoher, sommergrüner Zwergstrauch mit zahlreichen bogig aufsteigenden, meist vierkantigen Stängeln. Blätter gegenständig, lanzettlich, ganzrandig, blaugrün. Blüten goldgelb, Staubblätter zahlreich.

Standort & Boden Bevorzugt magere, trockene Böden und sonnige Standorte. Eignet sich als Bodendecker für Steingärten, Tröge, Wegeinfassungen, Sandrasen und Kiesbeete.

Eigenschaften Stadtklimafest, hitzeverträglich, nicht schneckengefährdet. 15 Pfl./m^2.

Kulturpflanze Beheimatet auf der Balkanhalbinsel und in Nordwestanatolien. 1676 durch George Wheeler aus der Türkei nach England gekommen und dort erstmals im Botanischen Garten Oxford kultiviert. Gegenwärtig in Sorten wie 'Citrinum' mit strohgelben Blüten oder 'Grandiflorum' mit goldgelben Blüten im heimischen Pflanzenhandel.

Vermehrung Durch Teilung des Wurzelstocks im Frühjahr oder durch Stecklinge nach der Blüte. Auch Vermehrung durch Samen (Lichtkeimer) ist möglich.

Geeignete Partner Morrows Segge *(Carex morrowii)*, Großblütige Elfenblume *(Epimedium grandiflorum)*, Dalmatinischer Storchschnabel *(Geranium dalmaticum)*, Pracht-Storchschnabel *(Geranium ×magnificum)*, Echter Lavendel *(Lavandula angustifolia)*, Teppich-Knöterich *(Persicaria affine)*.

Weitere Arten:

Olymp-Johanniskraut
(*Hypericum olympicum* 'Citrinum')

Großkelchiges Johanniskraut
(Hypericum calycinum)

Horn-Johanniskraut
(Hypericum cerastioides)

Nutzen

Wildtiere: Wertvolle Pollenpflanze für zahlreiche Insekten, darunter Sandbienen, Schwebfliegen, Hummeln und Käfer.

Immergrüne Schleifenblume

Iberis sempervirens
(Kreuzblütler)

Blütezeit: April bis Mai

Steckbrief 10–30 cm hoher, flach ausgebreiteter, immergrüner Zwergstrauch mit ledrigen, dunkelgrünen, lanzettlichen Blättern und vierzähligen weißen Blüten. Als Eigenart der Schleifenblumen sind die äußeren Blütenblätter länger ausgebildet als die inneren.

Standort & Boden Für jeden normalen, gerne kalkreichen und trockeneren Boden in sonniger bis absonniger Lage. Als Bodendecker besonders für Kiesgärten, Tröge, Gräber, Steingärten, extensive Dachgärten, Beet- und Treppeneinfassungen geeignet.

Eigenschaften Ein Rückschnitt nach der Blüte lässt die Pflanze noch kompakter werden und verhindert ein Verkahlen von der Mitte her. 12 Pfl./m².

Kulturpflanze In den Gebirgen des Mittelmeergebietes beheimatet, seit Ende des 16. Jahrhunderts in gärtnerischer Kultur. In mehreren Sorten wie 'Schneeflocke', 'Absolutely Amethyst' oder 'Wintermärchen', meist wird aber die Wildform kultiviert.

Vermehrung Durch Stecklinge oder Niederdrücken der Triebe ins Erdreich, dann bilden diese Wurzeln und können von der Mutterpflanze abgetrennt werden. Auch Aussaat ist möglich.

Geeignete Partner Großblütiges Steintäschel *(Aethionema grandiflora)*, Blaukissen *(Aubrieta ×hybrida)*, Felsen-Steinkraut *(Aurinia saxatilis)*, Dalmatinische Glockenblume *(Campanula portenschlagiana)*, Walzen-Wolfsmilch *(Euphorbia myrsinites)*, Teppich-Phlox *(Phlox subulata)*, Rotes Seifenkraut *(Saponaria ocymoides)*, Moos-Steinbrech *(Saxifraga ×arendsii)*.

Nutzen
Wildtiere: Nahrungspflanze für Insekten, beispielsweise für die nur etwa 6 mm große Grünglanz-Schmalbiene *(Lasioglossum nitidulum)*.

Weitere Arten:

Aurouze-Schleifenblume
(Iberis aurosica)

Südliche Schleifenblume
(Iberis carnosa)

Dolden-Schleifenblume
(Iberis umbellata)

Echter Wacholder

Juniperus communis
(Zypressengewächs)

Blütezeit: April bis Juni

Steckbrief Immergrünes Gehölz, je nach Sorte 0,3–2 Meter hoch. Blätter nadelförmig, stechend. Blüte unscheinbar. Frucht kugelförmig, anfänglich blaugrün, später schwarz.

Standort & Boden Liebt sandige, nährstoffarme Böden in sonniger Lage, kommt aber auch gut mit schlechteren Bedingungen zurecht. Als Bodendecker geeignet für entlegene Hänge, die einfach nur grün sein sollen ohne optischen Reiz.

Eigenschaften Tiefwurzler, auf schweren Böden flach wurzelnd und winddruckgefährdet, hitzeverträglich, frosthart, stadtklimafest. 4 Pfl./m².

Kulturpflanze Heimische Pflanze. In mehreren flachwachsenden Sorten wie 'Repanda' oder 'Hornibrookii'.

Vermehrung Am besten über Risslinge, das sind Stecklinge mit einem Teil vom alten Holz, von Juli bis September. Absenker und Stecklinge im Spätsommer sind möglich.

Geeignete Partner Schneeheide *(Erica carnea)*, Sadebaum *(Juniperus sabina)*, Immergrüne Heckenkirsche *(Lonicera nitida)*, Zwerg-Kiefer (*Pinus mugo* 'Mops'), Bodendecker-Eibe (*Taxus baccata* 'Repandens').

Nutzen
Wildgemüse: Wacholderbeeren dienen als Würze für Sauerkraut und schwere Speisen. Die jungen, zarten Triebe im Frühling würzen blanchiert Bratgerichte oder Wurzelgemüse.

Weitere Arten:

Echter Wacholder
(Juniperus communis)

Zwerg-Wacholder
(*Juniperus communis* var. *nana*)

Sadebaum
(Juniperus sabina)

Arzneipflanze: Wacholderbeeren wirken harntreibend. In der Volksmedizin wird die Pflanze als Blutreinigungsmittel, Entfettungsmittel, bei Verdauungsproblemen mit leichten Krämpfen im Magen-Darm-Bereich, Völlegefühl und Aufstoßen eingesetzt. Das ätherische Öl findet sich aufgrund seiner hautreizenden Eigenschaften in Einreibungen und Badezusätzen gegen rheumatische Beschwerden.
Räucherpflanze: Wacholder ist eines der ältesten bekannten Räucherhölzer. Der Rauch wird zum Konservieren von Lebensmitteln und zum Desinfizieren verwendet.

Wildtiere: 43 heimische Vogelarten nutzen die Früchte als Nahrung. So etwa die Wacholderdrossel, eine Gemischtköstlerin, die im Herbst und Winter vermehrt von Früchten wie den Wacholderbeeren lebt. Nistgehölz für Vögel. Die männlichen Blüten werden von Honigbienen zum Pollensammeln aufgesucht, und die Wacholder-Rindenlaus fungiert als Honigtauquelle. Futterpflanze unter anderem für die Raupen des Großen Wacholder-Blütenspanners *(Eupithecia intricata)*, des Grauen Wacholder-Blattspanners *(Thera juniperata)* und des Vierpunktigen Kiefernprachtkäfers *(Anthaxia quadripunctata)*.

Steckbrief 2–5 cm hohe, mattenbildende Staude mit eiförmigen, kleinen, wintergrünen Blättern und kleinen blassblauen Blütensternen.

Name Die australische Pflanze wird in Gärtnereien und Gartenmärkten meist unter dem Namen „Blauer Bubikopf" geführt. Sie hat einen verwirrenden Namensweg hinter sich. Lange Zeit wurde sie als *Pratia pedunculata* bezeichnet, und nicht selten findet sie sich mit Namen wie *Isotoma fluviatilis* oder *Laurentia fluviatilis* im Pflanzenhandel. Aktueller wissenschaftlicher Stand ist die Einbeziehung in die große Gattung der Lobelien. Diese ist zu Ehren des flämischen Arztes und Botanikers Matthieu de L´Obel (1538–1616) benannt. L´Obel praktizierte in Antwerpen, war dann als Leibarzt von Wilhelm von Oranien in Delft, ging wegen politischer Unruhen nach England und wurde Kurator am privaten Botanischen Garten von Lord Edward la Zouche in Hackney, später Leibarzt von König James I.

Standort & Boden Bevorzugt frische, nährstoffreiche, lehmige, kalkarme Böden und sonnige bis halbschattige Lagen. Als Bodendecker besonders geeignet als Rasenersatz bei extensivem Gebrauch, zur Bereicherung von Schurrasen, zur Einrahmung von Trittplatten und zur Unterpflanzung von Kübelpflanzen.

Eigenschaften Die wöchentliche Mahd schadet der Pflanze nicht, da sich die vegetativen Teile aufgrund ihrer Kleinwüchsigkeit unterhalb der Schnittkante des Rasenmähers befinden und lediglich die höher stehenden Blüten abgeschnitten werden. Im Frühling sieht die Pflanze oft etwas mitgenommen aus, erholt sich aber in der Regel recht rasch. Leicht giftig. 16 Pfl./m².

Kulturpflanze 2013 wurde die Sorte 'Almanda Blue' als natürliche Spielform mit reichlichen kleinen, nur weiblichen Blüten von John Wamsley im Naturschutzgebiet Scott Creek Conservation Park in Südaustralien gefunden und fortan vermarktet. 'County Park' besitzt intensiv blaulila Blüten, 'Alba' weiße Blüten.

Vermehrung Durch Abstechen von Teilstücken im Frühling.

Geeignete Partner In Schurrasen zusammen mit Gänseblümchen *(Bellis perennis)*, Gundelrebe *(Glechoma hederacea)*, Kriechendem Lippenmäulchen *(Mazus miquelii)*, Drahtwein *(Muehlenbeckia complexa)*, Duft-Veilchen *(Viola odorata)*.

Nutzen

Wildtiere: Bietet den Insekten vom Sommer bis zum Herbst Nahrung.

Weitere Arten:

Teppich-Lobelie
(*Lobelia pedunculata* 'Country Park')

Polster-Lobelie
(*Lobelia angulata* 'Treadwelli')

Scheinlobelie
(*Lithotoma axillaris* 'Avant Garde Pink')

Teppich-Lobelie

Lobelia pedunculata
(Glockenblumengewächs)

Blütezeit: Juni bis Oktober

Steckbrief 30–120 cm hoher, immergrüner Zwergstrauch mit eiförmig-lanzettlichen, zweizeilig angeordneten glänzenden Blättern und cremegelben, unscheinbaren Blüten, aus denen sich violette Früchte entwickeln.

Name Die Gattung ist zu Ehren des deutschen Naturforschers, Arztes und Botanikers Adam Lonitzer (1528–1586) benannt, Verfasser mehrerer „Kreuterbücher" und des „Gart der Gesundheit", das in 27 Auflagen erschienen ist. Lonitzer wurde bereits mit 13 Jahren Baccalaureus und mit 17 Magister. Im Alter von 18 Jahren unterrichtete er am Gymnasium Frankfurt am Main alte Sprachen.

Standort & Boden Für jeden normalen Gartenboden in sonniger bis halbschattiger Lage.

Eigenschaften Stadtklimafest, trockenheitstolerant, hitzeverträglich, schnittfest, schattenverträglich und unempfindlich gegen Wurzeldruck. Ein Rückschnitt sorgt für eine noch bessere Verzweigung und sollte nach Möglichkeit im März/April geschehen. Leicht giftig. 12 Pfl./m².

Kulturpflanze Im Jahr 1900 aus ihrer chinesischen Heimat nach Europa gekommen und hier als immergrüner Bodendecker und Flächenbegrüner häufig eingesetzt. Seit dem Aufkommen des Buchsbaumzünslers und anderer Buchs-Widersacher auch als Buchs-Ersatz genutzt. Die sehr ähnliche Glänzende Heckenkirsche *(Lonicera nitida)* wird ebenfalls häufig kultiviert und wird botanisch meist nicht von *L. pilcata* getrennt. Die auch Heckenmyrte genannte Pflanze findet sich in Sorten wie 'Elegant' oder 'Maigrün' im Pflanzenhandel.

Vermehrung Durch Stecklinge im Frühling oder Herbst oder durch Steckholz im November.

Geeignete Partner Weicher Frauenmantel *(Alchemilla mollis)*, Teppich-Steinmispel *(Cotoneaster dammeri)*, Immergrüner Spindelstrauch *(Euonymus fortunei)*, Efeu *(Hedera helix)*, Buntblättriges Purpurglöckchen (*Heuchera* cvar.), Großkelchiges Johanniskraut *(Hypericum calycinum)*.

Nutzen
Wildtiere: Die unscheinbaren Blüten locken Bienen und andere Fluginsekten an, die Beeren Kleinsäuger.

Triebe

Blüte

Frucht

Immergrüne Heckenkirsche

Lonicera pileata
(Geißblattgewächs)

Blütezeit: Mai

Pfennig-kraut

Lysimachia nummularia
(Myrsinengewächs)

Blütezeit: Juni bis Juli

Steckbrief 1–5 cm hohe, bis 70 cm lange, niederliegende, immergrüne Staude. Blätter gegenständig, eiförmig-rundlich, in einer Ebene ausgebreitet. Kronblätter 9–16 mm lang, leuchtend gelb.

Standort & Boden Bevorzugt frische bis feuchte, lehmige Böden in absonniger bis halbschattiger Lage. Kommt aber auch noch gut mit trockeneren Böden und sogar schattigeren Lagen zurecht. Als Bodendecker vor allem zwischen Steinplatten, in extensiv genutzten Rasen, an Teichrändern zum Abdecken der Folie, in Trögen und oberhalb von Mauern, aber auch für Balkonkästen und Blumenampeln geeignet.

Eigenschaften Verträgt durch den niederen Wuchs eine mehrmalige Mahd im Jahr und wird dadurch gefördert. Anspruchslos, schnell wachsend. 12 Pfl./m².

Kulturpflanze Heimische Pflanze, wird in der Wildform und in wenigen Sorten wie 'Aurea' oder 'Goldilocks' mit gelbem Laub kultiviert.

Vermehrung Am einfachsten durch Teilung im Frühjahr oder im Hochsommer. Stecklingsvermehrung ist die gesamte Vegetationsperiode über möglich, jedes Stängelglied wurzelt willig an. Samenvermehrung ist kaum möglich, weil die Art fast immer fruchtsteril ist.

Geeignete Partner Kriechender Günsel *(Ajuga reptans)*, Gänseblümchen *(Bellis perennis)*, Gundel-

Weitere Arten:

Gold-Pfennigkraut
(Lysimachia nummularia 'Aurea')

Hain-Gilbweiderich
(Lysimachia nemorum)

Tüpfel-Gilbweiderich
(Lysimachia punctata)

rebe *(Glechoma hederacea)*, Kriechendes Lippenmäulchen *(Mazus miquelii)*, Stängellose Primel *(Primula vulgaris)*, Duft-Veilchen *(Viola odorata)*.

Nutzen

Wildtiere: Wertvolle Nahrungspflanze für Insekten, insbesondere für Hummeln und Bienen. Auf *Lysimachia* angewiesen sind zwei Wildbienenarten der Gattung *Macropis*. Die Blüten sondern aus dicht stehenden Drüsenhaaren ein fettes Öl ab, das die Weibchen sammeln und ins Nest transportieren. Mit dem Öl imprägnieren sie die Wände der Brutzellen.

Steckbrief 3–10 cm hohe, sommergrüne Mehrjährige mit kriechenden Ausläufern und wechselständig angeordneten Blättern. Blattspreiten eilanzettlich, keilförmig in den kurzen Blattstiel verschmälert, Blattrand grob gezähnt. Blüten verhältnismäßig groß, 12–20 mm lang, violett, Schwielen weiß, orange gezeichnet.

Name Benannt zu Ehren des niederländischen Botanikers und Arztes Friedrich Anton Wilhelm Miquel (1811–1871), nach dem u. a. auch die Pflanzengattungen *Miquelia* aus der Familie der Icacinagewächse und *Miqueliopuntia* aus der Familie der Kakteengewächse benannt sind. Miquel war Direktor der Botanischen Gärten Rotterdam, Amsterdam und Utrecht.

Standort & Boden Bevorzugt feuchte bis frische, nährstoffarme Böden und absonnige bis halbschattige Standorte. Eignet sich als Bodendecker besonders für Teichränder, zwischen Trittplatten und im extensiv genutzten, moosreichen Schurrasen.

Eigenschaften Wächst auch im Schatten, bildet dort aber kaum Blüten aus. 16 Pfl./m².

Kulturpflanze Im Pflanzenhandel findet sich die ostasiatische Art auch in einer weiß blühenden Form 'Albiflora'. Nicht selten wird sie unter dem Namen *Mazus reptans* geführt.

Vermehrung Durch Abtrennen der bewurzelten Ausläufer. Auch Vermehrung durch Samen ist möglich.

Weitere Arten:

Kriechendes Lippenmäulchen (*Mazus miquelii*)

Kriechendes Lippenmäulchen (*Mazus miquelii* 'Albiflora')

Kleines Lippenmäulchen (*Mazus pumilus*)

Kriechendes Lippenmäulchen

Mazus miquelii (Syn.: *M. reptans*)
(Lippenmäulchengewächs)

Blütezeit: Mai bis Juni

Geeignete Partner Tausendblättriges Stachelnüsschen *(Acaena myriophylla)*, Wegerichblättriges Katzenpfötchen *(Antennaria plantaginifolia)*, Teppich-Lobelie *(Lobelia pedunculata)*, Pfennigkraut *(Lysimachia nummularia)*, Drahtwein *(Muehlenbeckia complexa)*, Sternmoos *(Sagina subulata)*.

Nutzen

Wildtiere: Nahrungsquelle für verschiedene Insekten wie Bienen, Hummeln und Schwebfliegen.

Steckbrief Bis 15 cm hohe, 100 cm weit kriechende, immergrüne Mehrjährige mit drahtdünnen Trieben und rundlichen Blättern, die sich im Herbst kupferbraun färben. Blüten klein, cremeweiß, sternförmig. Früchte beerenartig, klein, schwarz.

Name Der Gattungsname ehrt den deutschen Arzt, Mykologen und Botaniker Heinrich Gustav Mühlenbeck (1798–1845). Mühlenbeck praktizierte im Elsass und interessierte sich besonders für Pilze.

Standort & Boden Bevorzugt frische, kalkarme Böden in sonniger bis schattiger Lage. Als Bodendecker und Rasenersatz geeignet, aber auch als Grabschmuck sowie als Kletterpflanze für kleine Spaliere und Hängeampeln.

Eigenschaften Reisig oder Vlies schützt in schneelosen Wintern vor der Wintersonne. Ein Schnitt im Frühling lässt die Pflanze noch dichter werden. 15 Pfl./m^2.

Kulturpflanze Beheimatet in Neuseeland und Südost-Australien. 'Tricolor' mit bunt panaschierten Blättern ist nicht ausreichend winterhart.

Vermehrung Durch Abtrennen der angewurzelten Ausläufer oder durch Teilen der Stöcke.

Geeignete Partner: Neuseeländische Segge *(Carex comans)*, Kriechende Hornnarbe *(Ceratostigma plumbaginoides)*, Karwinskis Berufkraut *(Erigeron karvinskianus)*, Große Moosbeere *(Vaccinium macrocarpon)*.

Nutzen
Wildgemüse: Die kleinen Blüten sollen süß schmecken und von den Kindern der Māori gerne genascht werden.
Wildtiere: Die Früchte werden von Kleinsäugern gegessen.

Weitere Arten:

Teppich-Drahtstrauch
(Muehlenbeckia axillaris), blühend

Bocksknöterich
(Atraphaxis caucasica)

Bandbusch
(Homalocladium platycladum)

Teppich-Drahtstrauch

Muehlenbeckia axillaris
(Knöterichgewächs)

Blütezeit: Mai bis Juni

Kleine Kranzspiere

Neillia incisa
(Syn.: *Stephanandra incisa*)
(Rosengewächs)

Blütezeit: Mai bis Juni

Steckbrief 30–120 cm hoher, stark verzweigter, sommergrüner Strauch. Blätter gelappt, unterseits behaart, Blattrand tief eingeschnitten, gezähnt, mit gelbroter Herbstfärbung. Blüten in 2–6 cm langen, endständigen Rispen. Kronblätter weiß, spatelförmig. Die Staubblätter hinterlassen nach der Blüte einen Kranz, daher der Name Kranzspiere.

Name Benannt zu Ehren des schottischen Druckereibesitzers, Hobbygärtners und Botanikers Patrick Neill (1776–1851), der unter anderem den gärtnerischen Teil der „Encyclopaedia Britannica" verfasste.

Standort & Boden Mag frische, humose, kalkarme Böden und absonnige bis halbschattige Standorte. Als Bodendecker und Flächenbegrüner besonders geeignet für öffentliche Grünanlagen, als Unterpflanzung für Sträucher und Kleinbäume und als Einfassungshecke.

Eigenschaften Die Art hat ein hohes Ausschlagsvermögen. Ein regelmäßiger Schnitt hilft vor Überalterung und hält die Pflanzen dicht. 8 Pfl./m².

Kulturpflanze Ostasiatische Art, die in wenigen Sorten wie 'Crispa' und 'Soukou' angeboten wird. Im Pflanzenhandel findet man sie meist noch unter dem synonymen Namen *Stephanandra incisa*.

Vermehrung Durch Absenker und Stecklinge.

Geeignete Partner Sparrige Steinmispel *(Cotoneaster divaricatus)*, Buntblättriges Purpurglöckchen (*Heuchera* cvar.), Niedrige Kirschmandel *(Prunus prostrata)*, Zwerg-Mandel *(Prunus tenella)*, Allackerbeere *(Rubus arcticus)*, Korallenbeere *(Symphoricarpos orbiculatus)*.

Nutzen

Wildtiere: Wertvolle Insektenweide.

Weitere Arten:

Niedrige Kirschmandel
(Prunus prostrata)

Zwerg-Mandel
(Prunus tenella)

Fiederspiere
(Sorbaria kirilowii)

Blaue Katzenminze

Nepeta ×faassenii
(Lippenblütler)

Blütezeit: April bis Oktober

Steckbrief 10–40 cm hohe, graugrüne, filzige, sterile, in milden Wintern immergrüne Staude mit vierkantigen Stängeln. Blattspreiten länglich eiförmig bis eiförmig, Blattrand gekerbt bis schwach gezähnt. Blütenkrone lilablau, 9–15 mm lang.

Name Zu Ehren des niederländischen Pflanzenzüchters Johannes Hubertus Faassen (1892–1963) benannt.

Standort & Boden Gedeiht in jedem normalen Gartenboden und liebt vollsonnige Standorte. Als Bodendecker besonders für sonnige Böschungen, Einfassungen und öffentliche Flächen geeignet.

Eigenschaften Ein Rückschnitt nach der Blüte fördert die Nachblüte, große Flächen können auch mit dem Rasenmäher gekürzt werden. Nicht schneckengefährdet. 15 Pfl./m².

Kulturpflanze Gärtnerische Hybride aus der südwesteuropäischen Iberischen Katzenminze *(Nepeta nepetella)* und der südwestasiatischen Trauben-Katzenminze *(Nepeta racemosa)*, die spätestens 1853 entstanden ist.

Vermehrung Am besten durch Stecklinge im Frühjahr nach dem Austrieb oder im Herbst bei ausklingender Blüte.

Geeignete Partner Felsen-Steinkraut *(Aurinia saxatile)*, Clandon-Bartblume (*Caryopteris ×clandonensis*), Rote Spornblume *(Centranthus ruber)*,

Weitere Arten:

Echte Katzenminze
(Nepeta cataria)

Kaukasische Katzenminze
(Nepeta kubanica)

Trauben-Katzenminze
(Nepeta racemosa)

Bergminze *(Clinopodium nepeta)*, Goldlack *(Erysimum cheiri)*, Goldschopf *(Galatella linosyris)*, Echter Dost *(Origanum vulgare)*, Echter Salbei *(Salvia officinalis)*.

Nutzen

Duftpflanze: Mäuse und Katzen können durch das enthaltene Actinidin berauscht werden. Katzen wälzen sich oft in der Pflanze und fressen sie dann, worauf sie wie betrunken umhertorkeln und scheinbar halluzinieren. Jungtiere und alte Katzen sind weniger empfänglich, und etwa die Hälfte aller Katzen reagiert überhaupt nicht auf die Pflanze, was scheinbar genetisch bedingt ist. Tierhandlungen bieten kleine Spielsäckchen oder Plüschtiere an, die mit dem Geruch der Katzenminze versehen sind.
Biologischer Pflanzenschutz: Das enthaltene Nepetalacton mögen Stechmücken, Fliegen und Kakerlaken nicht. Versuchsweise wird *Nepeta* zum Schutz von Stallkühen gegen Insektenbisse eingesetzt. Kombiniert mit Rosen verringert die Katzenminze deren Blattlausbefall.
Wildtiere. Wertvolle Nahrungspflanze für Insekten. Als Blütengäste finden sich hauptsächlich Honigbienen und Hummeln ein. Auch Schmetterlinge wie Tagpfauenauge, Kleiner Fuchs, Distelfalter und Taubenschwänzchen naschen an den Blüten.

Steckbrief 10–20 cm hohe, langlebige, sommergrüne Staude mit eiförmig zugespitzten Blättern und lockeren Blütenständen. Krone leuchtend blau, 10–12 mm im Durchmesser.

Standort & Boden Bevorzugt frische, humose Böden in halbschattiger bis schattiger Lage. Als Bodendecker vor allem für Gehölzunterpflanzungen und Einfassungen geeignet.

Eigenschaften Kalkverträglich, verträgt Wurzeldruck. 15 Pfl./m².

Kulturpflanze Obwohl das südosteuropäische Frühlings-Gedenkemein, das auch als Frühlings-Nabelnüsschen bezeichnet wird, berühmte Fürsprecher hatte, gehört es zu den eher selten kultivierten Gartenpflanzen; es ist in Sorten wie 'Elfenauge' oder 'Grandiflora' im Pflanzenhandel. Der Staudenmeister Karl Foerster schlug, nicht ganz ernst gemeint, sogar vor, alle Gärten, in denen Gedenkemein fehle, in öffentlich ausgehängten schwarzen Listen erscheinen zu lassen. Marie-Antoinette, als Jugendliche nach Paris verheiratet und als Frau König Ludwigs XVI. auf der Guillotine hingerichtet, ließ sich das Frühlings-Gedenkemein aus ihrer österreichischen Heimat bringen und in den Wäldern um Paris auspflanzen, um das Heimweh zu besänftigen.

Vermehrung Am einfachsten durch Abtrennen der bewurzelten Ausläufer nach der Blüte.

Geeignete Partner Zartblattriger Spargel *(Asparagus tenuifolius)*, Große Sterndolde *(Astrantia major)*, Europäische Zyklame *(Cyclamen purpurascens)*, Großblütige Elfenblume *(Epimedium grandiflorum)*, Schaftdolde *(Hacquetia epipactis)*, Leberblümchen *(Hepatica nobilis)*, Rotes Lungenkraut *(Pulmonaria rubra)*, Knollen-Beinwell *(Symphytum tuberosum)*.

Nutzen

Wildtiere: Nahrungspflanze für Hummeln, Bienen, Schwebfliegen und andere Insekten. Auf Raublattgewächse wie das Gedenkemein hat sich unter anderem die Randwanze *Enoplops scapha* spezialisiert.

Weitere Arten:

Kaukasusvergissmeinnicht *(Brunnera macrophylla)*

Kaukasusvergissmeinnicht *(Brunnera macrophylla* 'Jack Frost'*)*

Wald-Vergissmeinnicht *(Myosotis sylvatica)*

Frühlings-Gedenkemein

Omphalodes verna
(Raublattgewächs)

Blütezeit: März bis April

Raupen-Sauerklee

Oxalis articulata
(Sauerkleegewächs)

Blütezeit: Juni bis August

Steckbrief 10–30 cm hohe Staude mit knollig verdicktem Rhizom, die in Mitteleuropa meist einjährig gezogen wird. Blätter grundständig, lang gestielt, dreiteilig. Blüten in Dolden. Kronblätter rosa, 1–2 cm im Durchmesser.

Standort & Boden Mag nährstoffreiche, lockere, humose Böden und sonnige bis halbschattige Standorte. Eignet sich als Bodendecker vor allem für verwilderte Gärten, Tröge und Vorgärten, aber auch für Blumenkästen.

Eigenschaften Winterhart bis etwa –7 °C, Pflanze zum Verwildern. 15 Pfl./m^2.

Kulturpflanze Beheimatet in Südamerika von Brasilien bis Argentinien. Seit spätestens 1827 in Gartenkultur. In wenigen Kulturformen, so in der weiß blühenden 'Alba'.

Vermehrung Durch Abtrennen der knolligen Rhizome oder Aussaat im Frühling.

Geeignete Partner Zigarettenblümchen *(Cuphea ignea)*, Rotes Köcherblümchen *(Cuphea llavea)*, Weißrandige Wolfsmilch *(Euphorbia marginata)*, Blutblatt *(Iresine diffusa)*, Elfenspiegel *(Nemesia strumosa)*, Dreikantiger Sauerklee *(Oxalis triangularis)*, Schwarznessel *(Perilla frutescens)*, Kap-Bleiwurz *(Plumbago auriculata)*, Mehliger Salbei *(Salvia farinacea)*, Buntnessel *(Solenanthus scutellarioides)*.

Weitere Arten:

Wald-Sauerklee
(Oxalis acetosella)

Neunblättchen-Sauerklee
(Oxalis enneaphylla)

Glücks-Sauerklee
(Oxalis tetraphylla), Austrieb

Nutzen

Wildgemuse: Die zarten Frühlingsblätter haben ein erfrischend-säuerliches Aroma. Sie bereichern Salate, Soßen, Kräuterbutter und Topfenaufstriche. Nach der Blütezeit und beim Kochen verlieren die Blätter ihr zitronenartiges Aroma.

Wildtiere: Wertvolle Nahrung für Insekten.

Steckbrief 10–25 cm hoher, kriechender, immergrüner Halbstrauch mit dicht beieinanderstehenden, wechselständigen, fleischigen Blättern. Blütenstände 2–4 cm lang, endständig, aufrecht, mit meist mehr als 15 männlichen und 1–2 weiblichen, vierzähligen, weißlichen Blüten.

Name Der deutsche Name entstammt den stark verdickten Staubfäden, also den männlichen Blütenteilen, welche die eigentliche Blüte darstellen. *Pachysandra terminalis* ist außerdem unter dem Namen Japan-Ysander bekannt.

Standort & Boden Bevorzugt lockere, humose, frische, kalkarme Böden und halbschattige bis schattige Standorte. Eignet sich als Bodendecker besonders für Schattenplätze unter Gehölzen, weil es den herbstlichen Laubfall toleriert.

Eigenschaften Stadtklimafest, unempfindlich gegenüber Wurzeldruck. Ein Schnitt ist nicht notwendig, wird aber vertragen. Giftig. 12 Pfl./m².

Kulturpflanze Ostasiatische Art, nach Mitteleuropa durch den deutschen Naturwissenschaftler Baron Philipp Franz von Siebold (1796–1866) gekommen, der gut 500 verschiedene Pflanzenarten von seinen Studienreisen aus Japan mitbrachte. Gemeinsam mit Joseph Gerhard Zuccarini hat Siebold über 1000 Pflanzenarten beschrieben, darunter auch das Dickmännchen. Im Pflanzenhandel in wenigen Sorten wie 'Variegata' mit panaschierten Blättern und 'Green Carpet' mit noch dichterem Wuchs.

Vermehrung Durch Abtrennen der bewurzelten unterirdischen Ausläufer im Frühjahr oder Herbst.

Geeignete Partner Wird meist in Reinbeständen gepflanzt, eignet sich aber auch für Großgruppen mit anderen Bodendeckern wie Großwurzeligem Storchschnabel *(Geranium macrorrhizum)*, Kleinem Immergrün *(Vinca minor)* oder Dreiblättriger Waldsteinie *(Waldsteinia ternata)*.

Nutzen

Arzneipflanze: Inhaltsstoffe der Pflanze spielen in der Heilkunde eine Rolle. Pachysandrin A und Pachystermin A, die zuerst vom Dickmännchen isoliert wurden, zeigen eine geschwürhemmende Wirkung. Andere Inhaltsstoffe weisen cytotoxische Wirkung gegen Leukämiezellen auf, und verschiedene Terminamine können die Bildung von Metastasen hemmen.

Weitere Arten:

Ahornblatt
(Aceriphyllum rossii)

Säckelblume
(*Ceanothus ×delileanus* 'Gloire de Versailles')

Andenstrauch
(*Escallonia* 'Iveyi')

Dickmännchen

Pachysandra terminalis
(Buchsgewächs)

Blütezeit: März bis April

Steckbrief 3–8 cm hohe, immergrüne, Polster bildende Staude mit eiförmig zugespitzten grünen Blättern, die sich im Herbst und Winter braunrot färben. Eigentliche Blüten gelbgrün, klein, unauffällig. Auffällig hingegen die trockenhäutigen, silbrig glänzenden Nebenblätter.

Standort & Boden Bevorzugt durchlässige, steinig-sandige, nährstoffarme Böden und vollsonnige, warme Standorte. Als Bodendecker vor allem für Steingärten, Mauerkronen, Dachbegrünungen, Wegfugen, Tröge, Gräber und als Rasenersatz mit extensiver Nutzung geeignet.

Eigenschaften Langlebig, nicht schneckengefährdet, trockenheits- und hitzebeständig, trittfest. 25 Pfl./m².

Kulturpflanze Mediterrane Art, in wenigen Sorten wie 'Brinstead Gold' mit gelblich berandeten Blättern im Pflanzenhandel. Am schönsten ist aber die Naturform.

Vermehrung Durch Teilung der Polster im Frühling oder Herbst.

Geeignete Partner Kleine Becherglocke *(Edraianthus pumilio)*, Polster-Gipskraut *(Gypsophila aretioides)*, Zwerg-Schwertlilie *(Iris barbata-nana)*, Enzianblauer Steinsame *(Lithodora diffusa)*, Kalk-Kreuzblümchen *(Polygala calcarea)*, Weißer Mauerpfeffer *(Sedum album)*, Frühblühender Quendel *(Thymus praecox)*.

Weitere Arten:

Rasen-Mauermiere
(Paronychia caespitosa)

Kopfförmige Mauermiere
(Paronychia capitata)

Kelch-Mauermiere
(Paronychia macrosepala)

Dachziegelige Mauermiere

Paronychia kapela
(Nelkengewächs)

Blütezeit: Mai bis Juni

Nutzen
Boden: Festigt erosionsgefährdete Sand- und Kiesböden.
Wildtiere: Nahrungspflanze für Insekten.

Teppich-Knöterich

Persicaria affinis
(Syn.: *Bistorta affinis*)
(Knöterichgewächs)

Blütezeit: Juni bis September

Steckbrief 5–25 cm hohe, kriechende, an den Knoten wurzelnde, dichte Matten bildende Staude mit drüsig behaarten Stängeln. Blätter lanzettlich, dicklich, immergrün, Herbst- und Winterfärbung rötlich. Scheinähren endständig, verschiedenfarbig weiß bis dunkelrosa.

Standort & Boden Bevorzugt frische, nährstoffreiche, humose Böden und sonnige bis halbschattige, kühle Standorte. Im Schatten bildet die Pflanze kaum Blüten aus. Eignet sich besonders als Bodendecker für kleinere Flächen, als Erosionsschutz für Böschungen und zur Einfassung von Beeten.

Eigenschaften Nicht schneckenanfällig, zu warme Standorte machen die Pflanze anfällig für Milben. 14 Pfl./m².

Kulturpflanze Beheimatet in den südasiatischen Gebirgen, bei uns seit 1845 in Gartenkultur. In mehreren Sorten wie 'Superba' und 'Darjeeling Red'. 'Dimity' ist nicht so starkwüchsig wie die Wildform, 'Kabouter' bleibt auffallend nieder, 'Ron McBeath' hat graugrüne, aufrechte Blätter.

Vermehrung Durch Teilung im Frühling.

Geeignete Partner Herzblättrige Bergenie *(Bergenia cordifolia)*, Winkel-Segge *(Carex remota)*, Teppich-Primel (*Primula juliae* 'Wanda'), Zucker-Lungenkraut *(Pulmonaria saccharata)*.

Weitere Arten:

Kerzen-Knöterich
(Persicaria amplexicaulis)

Kopfiger Knöterich
(Persicaria capitata)

Bunter Knöterich
(*Persicaria filiformis* cvar.)

Nutzen

Boden: Das dichte Wurzelwerk festigt besonders steile Böschungen und schützt diese durch das immergrüne Laub.
Wildtiere: Das reichliche Nektar- und Pollenangebot wird von zahlreichen Insekten genutzt, darunter Honigbienen, Wildbienen, Schwebfliegen, Perlmuttfalter, Feuerfalter und Grünwidderchen. Raupen-Futterpflanze unter anderem für den Randring-Perlmuttfalter *(Argynnis aphirape)* und den Natternwurz-Perlmuttfalter *(Argynnis amathusia)*.

Steckbrief 5–15 cm hohe, niederliegende Staude mit in den Blattachseln oft büschelig beblätterten Kurztrieben. Blätter linealisch, 7–20 mm lang, 1–2 mm breit, mit kleiner Grannenspitze, am Rand bewimpert, wintergrün. Blütenstand meist 3- bis 6-blütig, Blütenstiele 5–25 mm lang. Krone rosa, lila, purpurn, weiß oder lavendelfarben.

Standort & Boden Bevorzugt mäßig trockene bis frische, mäßig nährstoffreiche, gerne sandige Böden in sonniger Lage. Als Bodendecker besonders für Steingärten, Böschungen, Tröge und Trockenmauern geeignet.

Eigenschaften Mehltauanfällig. Verkümmerte Pflanzen rühren oft von Nematoden her. Ein Rückschnitt bis zum Boden hilft in diesem Fall. 14 Pfl./m².

Kulturpflanze Beheimatet im östlichen Nordamerika. 1745 nach Europa gekommen und hier in zahlreichen Sorten von alphabetisch 'Alexanders Surprise' bis 'Zwergenteppich' und Hybriden, so *Phlox ×procumbens* (*Phlox stolonifera × P. subulata*) im Pflanzenhandel.

Vermehrung Durch Teilen der Stöcke im Herbst.

Geeignete Partner Blaukissen (*Aubrieta ×hybrida*), Felsen-Steinkraut *(Aurinia saxatilis)*, Dalmatinische Glockenblume *(Campanula portenschlagiana)*, Weißfilziges Hornkraut *(Cerastium tomentosum)*, Walzen-Wolfsmilch *(Euphorbia myrsinites)*, Immergrüne Schleifenblume *(Iberis sempervirens)*, Rotes Seifenkraut *(Saponaria ocymoides)*.

Nutzen

Boden: Polster-Phlox wurzelt bis 60 cm tief und festigt dadurch Böschungen.
Wildtiere: Nahrungsquelle für Insekten wie Bienen, Schmetterlinge, Hummeln und Schwebfliegen.

Weitere Arten:

Polster-Phlox
(*Phlox douglasii* 'Apollo')

Teppich-Phlox
(*Phlox subulata* 'Purple Beauty')

Teppich-Phlox
(*Phlox subulata* 'Scarlet Flame')

Teppich-Phlox

Phlox subulata

(Sperrkrautgewächs)

Blütezeit: April bis Mai

Steckbrief 10–25 cm hohe, niederliegende bis aufsteigende Staude. Blätter zu 6–9 quirlig angeordnet, linealisch, 15–30 mm lang, am Rand bewimpert. Blüten duftend, rosa, 12–15 mm lang, Griffel länger als die Kronröhre.

Name Der Rosenwaldmeister, die einzige Art aus der Gattung Phuopsis, wird auch Baldriangesicht oder Scheinwaldmeister genannt.

Standort & Boden Für jeden durchschnittlichen Gartenboden in sonniger bis halbschattiger Lage. Als Bodendecker besonders in Gruppenpflanzungen zusammen mit anderen Bodendeckern geeignet.

Eigenschaften Ein Rückschnitt im Herbst lässt die Pflanze kompakter werden. Nicht schneckenanfällig. 10 Pfl./m².

Kulturpflanze Beheimatet im Kaukasus und im Nordiran. In Europa seit spätestens 1836 in Gartenkultur, sowohl in der Wildform als auch in den intensiver gefärbten Auslesen 'Purpurea' und 'Purpurglut'.

Vermehrung Durch Teilung im Frühjahr.

Geeignete Partner Östlicher Röhrenstern *(Amsonia orientalis)*, Plattährengras *(Chasmanthium latifolium)*, Honig-Kreuzlabkraut *(Cruciata laevipes)*, Bart-Nelke *(Dianthus barbatus)*, Rozanne-Storchschnabel (*Geranium* 'Rozanne'), Blaue Katzenminze (*Nepeta* ×*faassenii*), Blaue Himmelsleiter *(Polemonium caeruleum)*, Steppen-Salbei *(Salvia nemorosa)*.

Nutzen

Duftpflanze: Nach Regen duftet die Pflanze herb nach Cumarin.

Wildtiere: Dauerblühende Insektenweide.

Weitere Arten:

Polster-Meister
(Asperula boissieri)

Bunter Spiegelbusch
(*Coprosma perpusilla* 'Red Ruby')

Kalabrische Putorie
(Putoria calabrica)

Rosenwaldmeister

Phuopsis stylosa
(Rötegewächs)

Blütezeit: Mai bis August

Teppich-verbene

Phyla nodiflora
(Eisenkrautgewächs)

Blütezeit: Juni bis September

Steckbrief 5–12 cm hohe, kriechende, in den Subtropen immergrüne Staude, die bei uns im Herbst die Blätter meist verfärbt und abwirft. Durch die oberirdischen Ausläufer bildet sie teppichartige Bestände. Blätter spatelförmig, dicklich, Blattrand gezähnt. Blüten blassrosa, innen gelb, in kopfigen Scheindolden, schwach duftend.

Standort & Boden Für durchschnittliche, frische Böden in warmen Lagen und sonnigen bis absonnigen Standorten. Als Rasenersatz für wenig betretene Flächen in geschützter Lage geeignet, besser aber als Füllpflanze für Zwischenräumen von Wegen oder für Beetstreifen zwischen Auffahrten und Ähnlichem. Alternativ auch für Hängeampeln und andere Gefäße geeignet.

Eigenschaften Ein Rückschnitt kann mit dem Rasenmäher erfolgen, ist durch den niederliegenden Wuchs in der Regel aber nicht notwendig. Die Triebe werden im Herbst in Mitteleuropa oft braun, treiben aber im Frühjahr wieder durch. In schneefreien Wintern ist ein Abdecken mit Vlies sinnvoll. Frühjahrspflanzung empfohlen, damit vor dem Winter genügend Zeit zum kräftigen Einwurzeln bleibt. Rückschnitte lassen die Pflanze noch dichter wachsen. 12 Pfl./m².

Kulturpflanze Beheimatet in Amerika, eingebürgert fast weltweit in den Tropen und Subtropen. Im Pflanzenhandel findet sich durchwegs die Sorte 'Summer Pearls' mit etwas größeren Blüten.

Weitere Arten:

Echter Lavendel
(Lavandula angustifolia)

Rote Indianernessel
(Monarda didyma)

Lila Indianernessel
(Monarda fistulosa)

Vermehrung Durch Abtrennen der angewurzelten Ausläufer.

Geeignete Partner Römische Rasenkamille *(Chamaemelum nobile)*, Teppich-Lobelie *(Lobelia pedunculata)*, Pfennigkraut *(Lysimachia nummularia)*, Kriechendes Lippenmäulchen *(Mazus miquelii)*, Teppich-Drahtstrauch *(Muehlenbeckia axillaris)*.

Nutzen

Boden: Wurzelt bis zu 80 cm tief und übersteht so Trockenperioden.

Wildgemüse. Die Blätter können für die Zubereitung von Teegetränken genutzt werden, schmecken aber nicht so intensiv wie die verwandte Zitronenverbene.

Wildtiere: Insektennahrung den ganzen Sommer lang.

Scheinerdbeere

Potentilla indica
(Syn.: *Duchesnea indica*)
(Rosengewächs)

Blütezeit: Mai bis Oktober

Steckbrief Bis 15 cm hohe Staude mit langen Ausläufern und an den Knoten wurzelnden Stängeln. Blätter dreiteilig mit eiförmigen, gezähnten Blättchen. Kronblätter gelb, von den Kelchblättern und dem ansehnlichen Außenkelch umgeben. Scheinbeere leuchtend rot, kugelig, ähnlich einer Erdbeere, essbar, aber fade im Geschmack.

Name Der ehemalige und lange gültige Gattungsname ehrt den französischen Gärtner, Botaniker und Zeichner Antoine Nicolas Duchesne (1747–1827). Duchesne wuchs in der Nähe von Schloss Versailles und im Garten des Trianon auf, wo sein Vater Verwalter war. Sein besonderes Interesse galt den Erdbeeren und verwandten Pflanzen. Duchesne erhielt amerikanische Erdbeerpflanzen von Amédée François Frézier, dokumentierte als Erster die Geschlechtertrennung bei Walderdbeeren und den hybriden Ursprung der Garten-Erdbeeren.

Standort & Boden Für fast jeden Gartenboden in sonniger bis schattiger Lage. Eignet sich als Bodendecker für naturnahe Gärten, beispielsweise im Rosenbeet oder zur Bereicherung im extensiv genutzten Rasen.

Eigenschaften Die Ausläufer durchziehen gerne Rasenflächen und werden durch die Mähgeräte gefördert. Dadurch wird die Scheinerdbeere im überpflegten Garten zur Plage, im naturnahen Garten zur Bereicherung. 12 Pfl./m².

Kulturpflanze Südostasiatische Art, Anfang des 19. Jahrhunderts als anspruchsloser Bodendecker nach Europa gekommen. Aufgrund ihres flächendeckenden Wuchses wurde sie früher gerne als Zierde genutzt, und aus den gleichen Gründen wird sie heute aus den Beeten verbannt. Dabei stellt sich die Frage, ob eine Bodenabdeckung mit frischgrünem Laub, gelben Blüten und knallroten Beeren nicht doch schöner und ökologisch wertvoller ist als eine sterile Kiesabdeckung.

Vermehrung Durch Abtrennung der Ausläufer.

Geeignete Partner Gundelrebe *(Glechoma hederacea)*, Teppich-Drahtstrauch *(Muehlenbeckia axillaris)*, Stängellose Primel *(Primula vulgaris)*, Kleine Braunelle *(Prunella vulgaris)*, Kriechender Klee (*Trifolium repens* cvar.)

Nutzen
Wildtiere: Durch die lange Blüte- und Fruchtzeit wertvoll für Insekten, Vögel und Kleinsäuger.

Weitere Arten:

Scheinerdbeere
(Potentilla indica), Frucht

Weißes Fingerkraut
(Potentilla alba)

Zwerg-Fingerkraut
(Potentilla pusilla)

Stängellose Primel

Primula vulgaris
(Primelgewächs)

Blütezeit: März bis April

Steckbrief 1–7 cm hohe Staude mit löffelförmigen, sich allmählich in den geflügelten Stiel verschmälernden Blättern. Blüten geruchlos, hellgelb, mit kräftig-gelber Mitte.

Standort & Boden Bevorzugt frische, nährstoffreiche Lehmböden und helle bis halbschattige Lagen. Eignet sich besonders für moosreichen Rasen, den sie zusammen mit anderen Blühpflanzen optisch und ökologisch aufwertet. Durch das Moos und die Blüher muss nur mehr selten gemäht werden, eine liebliche Gartenfläche entsteht. Solche Rasen sollten nur extensiv genutzt werden.

Eigenschaften Gut schnittverträglich, wird durch Mahd mit nicht zu tief eingestellter Schnitthöhe gefördert. Im Rasen 3–5 Pfl./m².

Kulturpflanze Heimische Art, in zahlreichen Auslesen und Sorten wie 'Belarina' im Pflanzenhandel.

Vermehrung Am einfachsten durch Aussaat im Sommer. Rosettenstecklinge, Teilung von Mai bis Juli und Wurzelschnittlinge im September sind möglich. Selbstaussaat ist häufig, die Samen werden von Ameisen vertragen.

Geeignete Partner Kriechender Günsel *(Ajuga reptans)*, Gänseblümchen *(Bellis perennis)*, Wiesen-Schaumkraut *(Cardamine pratensis)*, Gundelrebe *(Glechoma hederacea)*, Pfennigkraut *(Lysimachia nummularia)*, Faden-Ehrenpreis *(Veronica filiformis)*.

Weitere Arten:

Stängellose Primel
(*Primula vulgaris* cvar.)

Teppich-Primel
(*Primula juliae* cvar.)

Teppich-Primel
(*Primula juliae* cvar.)

Nutzen

Wildtiere. Primeln zählen zu den typischen Hummelblumen, auch wenn sie gelegentlich von früh im Jahr fliegenden Schmetterlingen wie Kleiner Fuchs und Zitronenfalter besucht werden, die es mit ihrem langen Rüssel vermögen, ebenfalls bis zu den Nektarien am Grund der tiefen Kronröhre vorzudringen. Auch Hummelschwebern ist der Nektar zugänglich. Den Pollen nutzen Mauer und Sandbienen. Raupen-Futterpflanze u. a. des Schlüsselblumen-Würfelfalters *(Hamearis lucina)*.

Essig-Rose

Rosa gallica
(Rosengewächs)

Blütezeit: Juni bis Juli

Steckbrief 30–80 cm hoher, durch Ausläufer koloniebildender Strauch mit ledrig-starren Blättchen. Blüten je nach Sorte rosa bis purpurrot, groß, 6–9 cm im Durchmesser, stark duftend. Hagebutten rot.

Standort & Boden Bevorzugt eher trockene, nährstoffarme Böden und sonnige bis halbschattige, warme Standorte. Sie eignet sich als kleinflächiger Flächenbegrüner und im naturnahen Garten für Wegsäume, Gehölzränder und Steppengärten. Für große Flächen, die allein mit Rosen bepflanzt werden sollen, sind Bodendeckerrosen wie 'The Fairy', 'Jazz' oder 'Bienenweide' gut geeignet.

Eigenschaften Hohes Ausschlagsvermögen, stadtklimafest. 3 Pfl./m².

Kulturpflanze Heimische Art, in zahlreichen Sorten wie etwa 'Officinalis' kultiviert, die seit spätestens 1310 bekannt ist, gegenwärtig vor allem unter dem Namen Apothekerrose.

Vermehrung Am besten durch Stecklinge im Juni/Juli oder durch Abtrennen der bewurzelten Ausläufer. Auch Aussaat ist möglich, wobei die Samen aus den Hagebutten ausgewaschen und gleich darauf gesät werden.

Geeignete Partner Clandon-Bartblume (*Caryopteris ×clandonensis*), Bunte Wolfsmilch (*Euphorbia polychroma*), Blaue Katzenminze (*Nepeta ×faassenii*), Blauraute (*Perovskia abrotanoides*), Steppen-Salbei (*Salvia nemorosa*).

Weitere Arten:

Essig-Rose
(*Rosa gallica*)

Essig-Rose
(*Rosa gallica* 'Versicolor')

Gelbe Rose
(*Rosa foetida*)

Nutzen

Boden: Durch die reichlich gebildeten Ausläufer ein guter Bodenfestiger für Böschungen.

Arzneipflanze: Die Blütenblätter finden vor allem als Schmuckdroge in Teemischungen Einsatz. Früher wurden sie auch aufgrund ihres Gerbstoffgehaltes gegen Durchfall und als Gurgelmittel genutzt.

Wildtiere: An den Blüten naschen Wildbienen, Honigbienen, Hummeln, Bockkäfer, Blattkäfer, Schwebfliegen und andere Insekten. Nektar bietet die Essig-Rose wie alle Rosen keinen, dafür aber umso reichlicher Pollen. Dieser wird von den Wildbienen zum Verproviantieren ihrer Brutzellen genutzt. Zumindest 27 Vogelarten und 19 Säugetierarten nutzen die Früchte.

Steckbrief 2–5 cm hohe, immergrüne, drüsig behaarte Staude mit dunkelgrünen, pfriemlichen, bewimperten und mit einer Stachelspitze versehenen Blättern. Blüten klein, Kronblätter weiß, 1,5–3 mm lang, etwa so lang wie die Kelchblätter.

Standort & Boden Bevorzugt sandige, frische, kalkarme Böden in sonniger Lage. Als Bodendecker besonders geeignet zwischen Trittplatten auf Gartenwegen, für Grabbegrünungen, als kleinflächiger Rasenersatz, als Unterpflanzung für Tröge und in Steingärten. Eignet sich auch, um in artenreichen, moosreichen, lückigen Rasen Kahlstellen zu füllen.

Eigenschaften Das Sternmoos wird aufgrund seines bodenanliegenden Wuchses durch Mahd gefördert. Jungpflanzen sind schneckengefährdet. 16 Pfl./m², bei einer Grabbepflanzung entsprechend mehr.

Kulturpflanze Heimische Art. In wenigen Sorten im Pflanzenhandel, so 'Aurea' mit gelblichem Laub und 'Lime Moss' mit gelbgrünem Laub. Ebenfalls als Sternmoos im Handel findet sich Normans Sternmoos (*Sagina ×normaniana*), eine natürliche Hybride aus den beiden heimischen Arten Niederliegendes Sternmoos (*Sagina procumbens*) × Alpen-Sternmoos (*S. saginoides*).

Vermehrung Am einfachsten durch Stockteilung im Frühling. Selbstaussaat.

Geeignete Partner Andenpolster (*Azorella trifurcata*), Kahles Bruchkraut (*Herniaria glabra*), Teppich-Lobelie (*Lobelia pedunculata*), Teppich-Drahtstrauch (*Muehlenbeckia axillaris*), Moos-Steinbrech (*Saxifraga ×arendsii*), Sand-Quendel (*Thymus serpyllum*).

Nutzen

Boden: Schützt den Boden und das Bodenleben darin vor direkter Sonne und Erosion durch Starkregen.

Wildtiere: Futterquelle für Kleinstinsekten.

Weitere Arten:

Sternmoos
(*Sagina subulata*)

Normans Sternmoos
(*Sagina ×normaniana*)

Steinbrech-Felsennelke
(*Petrorhagia saxifraga*)

Sternmoos

Sagina subulata
(Nelkengewächs)

Blütezeit: Juni bis Juli

Steckbrief Aromatisch duftender, immergrüner, bis 40 cm hoher Halbstrauch mit niederliegenden bis aufsteigenden Trieben. Blätter fein fiederschnittig, frischgrün. Blüten hellgelb, in halbkugeligen Köpfchen.

Standort & Boden Bevorzugt steinige, trockene, nährstoffarme, durchlässige, kalkhaltige Böden und warme, sonnige Standorte. Als Bodendecker besonders für mediterrane Gärten, Stein- und Kiesgärten geeignet, außerdem als Einfassungshecke und fürs Hochbeet in Hausnähe.

Eigenschaften Hitze- und trockenheitsverträglich, staunässeempfindlich, nicht schneckengefährdet, schnittverträglich, ein Rückschnitt nach der Blüte hält die Pflanze kompakt. 12 Pfl./m².

Kulturpflanze Mediterrane Art, im Pflanzenhandel oft als „Olivenkraut" ausgezeichnet.

Vermehrung Durch Stecklinge im Frühling.

Geeignete Partner Walzen-Wolfsmilch *(Euphorbia myrsinites)*, Echtes Sonnenröschen *(Helianthemum nummularium)*, Echter Lavendel *(Lavandula angustifolia)*, Trauben-Katzenminze *(Nepeta racemosa)*, Rosmarin *(Rosmarinus officinalis)*, Steppen-Salbei *(Salvia nemorosa)*, Zypressen-Heiligenkraut *(Santolina chamaecyparissus)*, Echter Thymian *(Thymus vulgaris)*.

Weitere Arten:

Zypressen-Heiligenkraut
(Santolina chamaecyparissus)

Gefiedertes Heiligenkraut
(Santolina pinnata)

Grünes Heiligenkraut
(Santolina viridis)

Grünes Heiligenkraut

Santolina viridis
(Korbblütler)

Blütezeit: Juni bis Juli

Nutzen

Wildgemüse: An heißen Tagen erinnert der Geruch der Pflanze an eingelegte Oliven, genauso wie der Geschmack ihrer Blätter, weshalb sie sich als Zutat für Kräuterpestos, Kräutermarinaden, Kräuterkäse oder Kräuterbutter eignet. Frisches Olivenkraut lässt sich am besten durch Einfrieren oder durch Einlegen in Essig konservieren. Bei Hitzeeinwirkung beispielsweise durch Mitkochen büßt das Kraut an Aroma ein, ebenso beim Trocknen.
Wildtiere: Sommerliche Nahrungsquelle für Insekten.

Steckbrief 5–25 cm hohe, sommergrüne Staude mit zahlreichen niederliegenden bis aufsteigenden Trieben und eiförmigen, behaarten Blättern. Blütenstand locker-gabelig, Krone rosa, 12–18 mm lang.

Standort & Boden Bevorzugt durchlässige, magere, kalkreiche, trockene Böden und einen sonnigen Standort. Als Bodendecker besonders für Steingärten, Trockenmauern, Sandrasen, steinige Böschungen, extensive Gründächer und Tröge geeignet.

Eigenschaften Nährstoffreiche, fette Böden bewirken eine kurze Lebensdauer. 14 Pfl./m².

Kulturpflanze Heimische Pflanze, in wenigen Sorten im Pflanzenhandel, so 'Alba' und 'Snow Tip' mit weißen Blüten, 'Rubra Compacta' mit purpurroten Blüten und 'Splendens' mit dunkelrosa Blüten. Konrad Gesner nennt die liebliche Art bereits 1561 als Gartenpflanze. Trotzdem blieb das Nelkengewächs über Jahrhunderte als Kulturpflanze unbeachtet. Erst mit dem Aufkommen der Steingärten Mitte des 19. Jh. wuchs das Interesse am Seifenkraut. Um diese Zeit entstanden auch die Auslesen wie 'Splendens' oder 'Karminkönigin'.

Vermehrung Einfach durch Aussaat und Stecklinge im Sommer. Selbstaussaat kommt häufig vor.

Geeignete Partner Felsenleimkraut *(Atocion armeria)*, Blut-Storchschnabel *(Geranium sanguineum)*, Echte Kugelblume *(Globularia bisnagarica)*, Apenninen-Sonnenröschen *(Helianthemum apenninum)*, Gelber Lein *(Linum flavum)*, Weinbergs-Traubenhyazinthe *(Muscari neglectum)*, Großes Kreuzblümchen *(Polygala major)*, Polster-Fingerkraut *(Potentilla verna)*, Wiesen-Salbei *(Salvia pratensis)*, Berg-Gamander *(Teucrium montanum)*.

Nutzen

Wildtiere: Die Blüten werden vorrangig von Schmetterlingen, Hummeln und Fliegen genutzt.

Weitere Arten:

Rasen-Seifenkraut
(Saponaria caespitosa)

Kalabrisches Seifenkraut
(Saponaria calabrica)

Polster-Seifenkraut
(Saponaria ×olivana)

Rotes Seifenkraut

Saponaria ocymoides
(Nelkengewächs)

Blütezeit: April bis Juni

Steckbrief 3–10 cm hohe, immergrüne Staude mit kriechenden Sprossen. Blätter fleischig, grün, eiförmig, 3–6 mm lang. Blüten fünfzählig, Kronblätter gelb, 6–9 mm lang.

Standort & Boden Für trockene, durchlässige, karge Orte in sonniger Lage. Als Bodendecker besonders geeignet für extensive Dachbegrünungen, Steingärten, Kiesrasen und Tröge.

Eigenschaften Mauerpfeffer gehört zu den Pflanzen, die eine besonders an Trockenstandorte angepasste Form der Kohlenstoffdioxid-Assimilation aufweisen (Crassulaceen-Säurestoffwechsel). Bei ihnen sind die CO_2-Aufnahme und die CO_2-Fixierung zeitlich voneinander getrennt, das heißt, die Pflanzen nehmen in der Nacht Kohlendioxid auf und binden es chemisch in Form von Apfelsäure; am Tag können sie dann auf diese Reserve zurückgreifen und aus dem freigesetzten CO_2 Kohlenstoffverbindungen synthetisieren, sodass sie während der heißen Tagesstunden ihre Spaltöffnungen nicht zu öffnen brauchen und bedeutend weniger Wasser verdunsten. Durch diese Raffinesse können die Pflanzen noch an Standorten gedeihen, wo für andere Gewächse ein Überleben nicht mehr möglich ist. Salz- und schwermetalltolerant, leicht giftig. 16 Pfl./m².

Kulturpflanze Heimische Art. Auch in Sorten wie 'Aureum' mit gelbem Laub oder 'Minor' mit nur maximal 3 cm Gesamthöhe im Pflanzenhandel.

Scharfer Mauerpfeffer

Sedum acre
(Dickblattgewächs)

Blütezeit: Mai bis Juni

Weitere Arten:

Weißer Mauerpfeffer
(Sedum album)

Blasser Mauerpfeffer
(Sedum pallidum)

Felsen-Mauerpfeffer
(Sedum rupestre 'Angelina')

Vermehrung Durch Teilung, Aussaat oder Risslinge

Geeignete Partner Ausdauerndes Eiskraut *(Aptenia cordifolia)*, Großblütige Mittagsblume *(Carpobrotus acinaciformis)*, Weißer Mauerpfeffer *(Sedum album)*, Blasser Mauerpfeffer *(Sedum pallidum)*, Felsen-Mauerpfeffer *(Sedum rupestre)*, Frühblühender Quendel *(Thymus praecox)*.

Nutzen

Wildtiere: Heimische Mauerpfeffer-Arten sind wichtige Pollenspender, beispielsweise für Sand-, Furchen-, Pelz-, Blattschneider-, Woll-, Mauer-, Steppen- und Honigbienen, besonders aber für die Dünen-Steppenbiene *(Nomioides minutissimus)*.

Dach-Hauswurz

Sempervivum tectorum
(Dickblattgewächs)

Blütezeit: Juni bis August

Steckbrief 5–30 cm hohe, langlebige, immergrüne Staude mit runden Blattrosetten. Rosettenblätter 10–15 mm breit, starr, auf den Flächen kahl, am Rand bewimpert, meist mit roter Spitze. Blütenstand 20- bis 100-blütig, Krone purpurn, Kronblätter meist 12 oder 13.

Standort & Boden Für trockene, sehr nährstoffarme Böden und sonnige Standorte. Eignet sich als Bodendecker besonders für Dachbegrünungen, Trockenmauern, Tröge, Steingärten und Mauerkronen.

Eigenschaften Erträgt Trockenheit. 16 Pfl./m².

Kulturpflanze Heimische Art, 1561 finden wir die erste schriftliche Erwähnung als Zierpflanze von Konrad Gessner in dessen „Horti Germaniae". Richtig gängig wurde die Gattung aber erst im 19. Jahrhundert, als die Steingärten aufkamen. Heute sind mehrere Tausend Hauswurz-Sorten bekannt. Ob allerdings noch jemand den Überblick hat, ist zu bezweifeln. Hauswurze haben nämlich die Angewohnheit, sich gerne mit anderen Arten zu kreuzen. Diese Naturhybriden wurden von so manchem Botaniker als neue Arten bestimmt und mit Primärnamen versehen. Gärtner züchteten diese unter dem falschen Namen weiter, und auch diese neuen Sorten kreuzten sich selbstständig mit anderen Sippen – geblieben ist ein Chaos in der Sortenbenennung.

Vermehrung Am einfachsten durch Abnehmen und Einpflanzen der Tochterrosetten (Kindel) in der

Weitere Arten:

Dach-Hauswurz
(*Sempervivum* 'Pacific Red Rose')

Fransen-Hauswurz
(*Sempervivum globiferum*)

Berg-Hauswurz
(*Sempervivum montanum*)

Vegetationszeit. Aufwendiger ist die Aussaat im Frühjahr, sie erbringt aber oft interessante, vielfältige Nachkommen. Dach-Hauswurz vermehrt sich selbst über Kindel.

Geeignete Partner Berg-Lauch *(Allium lusitanicum)*, Zierliche Glockenblume *(Campanula cochleariifolia)*, Immergrünes Felsenblümchen *(Draba aizoides)*, Felsennelke *(Petrorhagia saxifraga)*, Scharfer Mauerpfeffer *(Sedum acre)*, Weißer Mauerpfeffer *(Sedum album)*, Dickblatt-Mauerpfeffer *(Sedum dasyphyllum)*, Felsen-Mauerpfeffer *(Sedum rupestre)*, Fransen-Hauswurz *(Sempervivum globiferum)*.

Nutzen

Arzneipflanze: Der in den Blättern enthaltene Saft wird in der Volksheilkunde bei rissiger Haut, Verbrennungen und Insektenstichen angewendet. Die Hauswurz hat ähnliche Indikationen wie die bekannte *Aloe vera* als Sonnenschutz und Feuchtigkeitsspender. Die Pflanzenstoffe wirken entzündungshemmend und erweichend.
Wildtiere: Raupen-Futterpflanze des Apollofalters *(Parnassius apollo)*. Als Blütengäste können vor allem Schwebfliegen, Hummeln, Honigbienen, Sandbienen, Wollbienen, Furchenbienen und Blattschneiderbienen beobachtet werden.

Großblütige Sternmiere

Stellaria holostea

(Nelkengewächs)

Blütezeit: April bis Mai

Steckbrief 10–30 cm hohe, immergrüne Staude mit zahlreichen aufsteigenden Stängeln und lineal-lanzettlichen Blättern. Kelchblätter 6–9 mm lang, Kronblätter strahlend weiß, bis doppelt so lang wie der Kelch.

Standort & Boden Bevorzugt humose, mäßig saure, mäßig nährstoffreiche Böden und halbschattige bis schattige Standorte. Als Bodendecker besonders geeignet für naturnahe Schattengärten und unter Gehölzen in Parkanlagen. Alternativ auch für Blumenkästen in Schattenlage.

Eigenschaften Mit starkem Ausbreitungsbedürfnis, schwermetalltolerant, hellt dunkle Gartenpartien auf. 14 Pfl./m².

Kulturpflanze Heimische Pflanze. Gärtnerisch unbearbeitet geblieben, aber in ihrer schönen Naturform im Pflanzenhandel erhältlich.

Vermehrung Am einfachsten durch Stockteilung in der gesamten Vegetationsperiode. Vermehrt sich selbst über Samen und unterirdische Ausläufer.

Geeignete Partner Busch-Windröschen *(Anemone nemorosa)*, Kaukasus-Vergissmeinnicht *(Brunnera macrophylla)*, Polster-Glockenblume *(Campanula poscharskyana)*, Wald-Segge *(Carex sylvatica)*, Maiglöckchen *(Convallaria majalis)*, Silber-Goldnessel *(Lamium argentatum)*, Hain-Gilbweiderich *(Lysimachia nemorum)*, Wald-Vergissmeinnicht *(Myosotis sylvatica)*, Herzblättrige Schaumblüte *(Tiarella cordifolia)*, Kleines Immergrün *(Vinca minor)*.

Nutzen

Wildgemüse: Blätter und Blüten haben wenig Eigengeschmack, schmücken aber Salate und andere Speisen.

Wildtiere: Nektarpflanze unter anderem von Hornkraut-Tageulchen *(Panemeria tenebrata)*. Pollenspender für verschiedene Wildbienen, vor allem für Sandbienen-Arten. Raupen-Futterpflanze unter anderem von Sternmieren-Blattspanner *(Euphygia biangulata)* und Hornkraut-Blattspanner *(Euphyia frustata)*.

Weitere Arten:

Kriechendes Gipskraut
(Gypsophila repens)

Kronen-Lichtnelke
(Lychnis coronaria)

Lärchennadel-Miere
(Minuartia laricifolia)

Steckbrief Bis 30 (je nach Sorte auch 50) cm hohe, sommergrüne, polsterförmig wachsende Staude mit kriechendem Wurzelstock, lanzettlichen Blättern und je nach Sorte lila, blauen, rosa, roten oder weißen Blüten.

Name Im Gartenbau ist der botanische Gattungsname *Aster* oft noch gängig. Doch schon der deutsche Botaniker Christian Gottfried Nees von Esenbeck trennte die Gattung *Symphyotrichum* 1833 von *Aster* ab. Spätere durch DNA-Analysen gestützte Erkenntnisse bestätigen die Abtrennung und zeigen, dass die nordamerikanischen *Aster*-Arten mit den eurasischen nicht näher verwandt sind und als eigene Gattungen wie *Symphyotrichum* oder *Eurybia* von *Aster* abgetrennt werden müssen.

Standort & Boden Für jeden durchschnittlichen nährstoffreichen Gartenboden in sonniger, windgeschützter Lage. Eignet sich als Bodendecker besonders für gemischte Flächen unter Beimengung von Geophyten, damit auch im Frühling und Sommer Farbe in den Garten kommt.

Eigenschaften Trockenheitsempfindlich. Ein kompletter Rückschnitt kann im Frühjahr erfolgen. Eine Teilung der Stöcke etwa alle drei Jahre hält die Pflanzen blühfreudig und macht sie weniger anfällig für Mehltau. 12 Pfl./m².

Kulturpflanze Nordamerikanische Art, die erst nach der Einkreuzung der Glattblatt-Herbstaster *(S. novi-belgii)* Mitte des vergangenen Jahrhunderts

Kissen-Herbstaster

***Symphyotrichum dumosum*-Hybriden**
(Syn.: *Aster dumosus*)
(Korbblütler)

Blütezeit: September bis Oktober

Weitere Arten:

Kissen-Herbstaster
(*Symphyotrichum dumosum* 'Schneekissen')

Glattblatt-Herbstaster
(*Symphyotrichum novi-belgii* 'Harrisons Blue')

Glattblatt-Herbstaster
(*Symphyotrichum novi-belgii* 'Karminkuppel')

gärtnerische Bedeutung erlangte. Es entwickelte sich ein vielseitiges Sortiment mit zahlreichen wertvollen Sorten wie 'Blauer Gletscher' mit einfachen lilablauen Blüten, 'Kassel' (1968) mit karminroten Blüten oder 'Herbstgruß vom Bresserhof' (1956) mit einfachen rosa Blüten.

Vermehrung Durch Teilung der Stöcke im Frühjahr.

Geeignete Partner Perlkörbchen *(Anaphalis triplinervis)*, Pracht-Fetthenne *(Hylotelephium spectabile)*, Rohr-Pfeifengras *(Molinia arundinacea)*, Prächtige Nachtkerze *(Oenothera speciosa)*, Echte Rutenhirse *(Panicum virgatum)*, Echtes Lampenputzergras *(Pennisetum alopecuroides)*.

Nutzen

Wildtiere: Herbstlicher Insektenmagnet für Bienen, Hummeln, Schmetterlinge, Schwebfliegen und andere Nützlinge.

Großblütiger Beinwell

Symphytum grandiflorum
(Raublattgewächs)

Blütezeit: April bis Juni

Steckbrief 20–40 cm hohe Staude mit eilänglichen, rauen Blättern und am Stängel herablaufenden Stielen. Krone weiß bis blau, die Knospe meist purpurn, 14–19 mm lang, röhrenförmig.

Standort & Boden Bevorzugt humose, frische, nährstoffreiche Böden und halbschattige Standorte. Als Bodendecker besonders für Schattengärten, als Unterpflanzung für Gehölzgruppen und für öffentliche Grünanlagen geeignet.

Eigenschaften Starker Ausbreitungsdrang. 10 Pfl./m².

Kulturpflanze Beheimatet im Kaukasus-Gebiet. Der Hidcote-Beinwell (*Symphytum ×hidcotense*) ist vermutlich die Hybride aus dem kaukasischen Großblütigen Beinwell (*Symphytum grandiflorum*) und *Symphytum ×uplandicum*, der Hybride aus *S. officinale × S. asperum*. Im Pflanzenhandel findet sich überwiegend die Sorte 'Hidcote Blue'.

Vermehrung Durch Teilung oder Wurzelschnittlinge im zeitigen Frühjahr oder nach der Blüte im Juni. Auch eine Stecklingsvermehrung ist möglich.

Geeignete Partner Balkan-Akanthus (*Acanthus hungaricus*), Kaukasus-Vergissmeinnicht (*Brunnera macrophylla*), Morrows Segge (*Carex morrowii*), Waldschmiele (*Deschampsia cespitosa*), Gelbe Elfenblume (*Epimedium ×perralchicum*), Dreiblättrige Waldsteinie (*Waldsteinia ternata*).

Weitere Arten:

Rauer Beinwell
(*Symphytum asperum*)

Kriechender Beinwell
(*Symphytum ibericum*)

Knollen-Beinwell
(*Symphytum tuberosum*)

Nutzen

Boden: Schützt durch das große Blattwerk und das starke Wurzelgeflecht den Boden.

Biologischer Pflanzenschutz: Beinwelljauchen und -auszüge dienen der Pflanzengesundheit. Die stickstoff- und kalireiche Brühe bekommt vor allem stark zehrenden Gemüsearten wie Tomate Kohl oder Sellerie gut. Als gesundheitsfördernde Blattdüngung wird Beinwellansatz über die gesamte Pflanze versprüht. Verdünnter Beinwell-Kaltwasserauszug fördert die Widerstandskraft der Rosen.

Wildtiere: Wertvolle Insektennährpflanze, besonders für Hummeln. Der reichlich gebotene Nektar liegt in den Blüten so tief verborgen, dass er nur von langrüsseligen Hummeln, Schnauzenschwebfliegen und bestimmten Schmetterlingen wie Zitronenfalter und Aurorafalter auf normalem Wege erreicht werden kann. Kurzrüsselige Erdhummeln und Honigbienen rauben den Nektar oft durch Blüteneinbruch. Den Pollen nutzen Sand-, Pelz- und Mauerbienen, Schwebfliegen und Blattkäfer. Auf Beinwellblütenstaub angewiesen ist die spezialisierte Beinwell-Sandbiene *(Andrena symphyti)*. Ebenfalls auf Beinwell spezialisiert hat sich die Beinwell-Gitterwanze *(Dictyla humuli)*.

Steckbrief 1–7 cm hoher, teppichartig kriechender Zwergstrauch mit aromatischem Duft und Geschmack. Blätter eiförmig, klein, Stängel der Blühtriebe 4-kantig bis fast rund. Blüten klein, rosa, dunkel gezeichnet.

Standort & Boden Bevorzugt sandige, magere Böden in sonniger Lage. Eignet sich als Bodendecker besonders für Steinrasen, Heidegärten, Kräuterbeete, Trockenmauern, als Einfassung für Gewürzgärten, Tröge und Dachgärten.

Eigenschaften Verträgt im Magerrasen eine ein- bis zweimalige Mahd ab Juli. Mehrfache Mahd mit hoher Schnitthöhe ist der Art förderlich. 20 Pfl./m².

Kulturpflanze Heimische Pflanze. Die Sorte 'Citriodorus', auch Zitronenthymian genannt, eignet sich als Rasenersatz und setzt bei jedem Schritt einen Quendelduft frei.

Vermehrung Vermehrt sich selbst über Ausläufer und Samen. Gezielte Vermehrung am einfachsten durch Teilung im Frühjahr. Stecklingsvermehrung ist im Sommer möglich.

Geeignete Partner Berg-Steinkraut *(Alyssum montanum)*, Zierliche Glockenblume *(Campanula cochleariifolia)*, Römische Rasenkamille *(Chamaemelum nobile)*, Herzblättrige Kugelblume *(Globularia cordifolia)*, Echtes Sonnenröschen *(Helianthemum nummularium)*, Polster-Fingerkraut *(Potentilla verna)*, Weißer Mauerpfeffer *(Sedum album)*, Edel-Gamander *(Teucrium chamaedrys)*.

Weitere Arten:

Frühblühender Quendel
(Thymus praecox 'Elfin')

Kaskaden-Quendel
(Thymus longicaulis)

Heide-Quendel
(Thymus pulegioides)

Frühblühender Quendel

Thymus praecox
(Lippenblütler)

Blütezeit: Mai bis Juli

Nutzen

Wildgemüse: Die Blätter dienen als Würzmittel und zur Bereitung von Teegetränken. Die zierlichen, essbaren Blüten sind zur Dekoration von Tellern geeignet.

Arzneipflanze: Aufgrund seiner desinfizierenden Wirkung wird Quendel bei Atemwegsbeschwerden eingesetzt. Er wirkt verdauungsfördernd, reinigend, balsamisch und ableitend. Thymian ist ein in Fertigpräparaten häufig eingesetztes schleimlösendes, auswurfförderndes und krampflinderndes Mittel, das u. a. bei Katarrhen der Atemwege, Bronchitis und Keuchhusten Anwendung findet.

Räucherpflanze: Als Räucherpflanze wird das blühende Kraut an einem sonnigen Tag in den Morgenstunden geerntet und getrocknet.

Wildtiere: Futterpflanze unter anderem für die Raupen von Thymian-Widderchen *(Zygaena purpuralis)*, Graublauem Bläuling *(Pseudophilotes baton)*, Hellgebändertem Steinspanner *(Gnophos pullata)* und Englischem Bär *(Arctia festiva)*.
Die Zahl der Blütengäste ist groß und reicht vom Kleinen Feuerfalter über die Steppenbiene bis hin zum Großen Wiesenvögelchen.

Herzblättrige Schaumblüte

Tiarella cordifolia
(Steinbrechgewächs)

Blütezeit: April bis Juni

Steckbrief 10–30 cm hohe, wintergrüne Staude mit dünnen, wurzelnden Ausläufern und 3- bis 7-lappigen Blättern. Blütenstand traubig. Kronblätter weiß, lanzettlich bis elliptisch, 4–8 mm lang, ganzrandig. Kelchblätter etwa halb so lang.

Name Laut der Arbeit von Nesom aus dem Jahr 2021 ist es wahrscheinlich, dass die in Europa als *Tiarella cordifolia* kultivierten Pflanzen tatsächlich *Tiarella stolonifera* sind. Im heimischen Pflanzenhandel ist dieser Name aber noch gänzlich unbekannt.

Standort & Boden Für alle durchschnittlichen, gerne humosen und leicht sauren Böden in halbschattiger Lage. Als Bodendecker besonders für Laubgehölz-Pflanzungen, Sträuchervorpflanzungen und Beeteinfassungen geeignet.

Eigenschaften Haltbare Schnittblume, anfällig gegenüber Dickmaulrüssler. 14 Pfl./m².

Kulturpflanze Beheimatet im östlichen Nordamerika. 1632 kam die Pflanze nach England zu John Tradescant. Aus Mitteleuropa ist sie etwa seit dem Jahr 1800 bekannt, 1808 war sie im Botanischen Garten Berlin in Kultur. Sorten wurden vor allem Ende des 20. Jahrhunderts ausgelesen oder gezüchtet, so 'Glossy' mit einfarbig grünen Blättern und weißen Blüten, 'Dark Eyes' mit rosa Blüten und grünem Laub, 'Eco Rambling Silhouette' mit auffallender Blattzeichnung oder 'Moorgrün' mit reichlich Ausläufern und daher besonders als Bodendecker im Einsatz.

Weitere Arten:

Herzblättrige Schaumblüte
(*Tiarella cordifolia* 'Oakleafe')

Schaumglöckchen
(*Heucherella* 'Eye Spy')

Henne mit Küken
(*Tolmiea menziesii*)

Vermehrung Durch Abtrennen bewurzelter Ausläufer im Spätsommer oder Teilung im Frühling

Geeignete Partner Maiglöckchen *(Convallaria majalis)*, Rote Elfenblume *(Epimedium ×rubrum)*, Großwurzel-Storchschnabel *(Geranium macrorrhizum)*, Buntblättriges Purpurglöckchen *(Heuchera* cvar.), Lilien-Funkie *(Hosta plantaginea)*, Atlantisches Hasenglöckchen *(Hyacinthoides non-scripta)*, Rotes Lungenkraut *(Pulmonaria rubra)*.

Nutzen

Boden: Das immergrüne Laub schützt den Boden vor direkter Sonneneinstrahlung und Starkregen.

Wildtiere: Die Blüten nähren Kleinstinsekten, das Laub bietet Unterschlupf für vielerlei Tiere.

Steckbrief 5–20 cm hohe, kriechende Staude mit dreiteiligen Blättern, bestehend aus eiförmig-rundlichen Teilblättchen. Blätter je nach Sorte unterschiedlich gezeichnet. Blüten weiß bis hellrosa, in köpfchenförmigen Blütenständen.

Standort & Boden Für jeden durchschnittlichen Gartenboden in sonniger Lage. Eignet sich als Bodendecker besonders für extensiv genutzte Rasen, Trogunterpflanzungen und Vorgärten.

Eigenschaften Trittfest, mit starkem Ausbreitungsdrang. Klee lockt Bienen an, was sehr wertvoll ist, andererseits bedacht werden sollte, wenn man im Garten barfuß läuft. 12 Pfl./m².

Kulturpflanze Heimische Art, die von Rasenbesitzern meist als Unkraut gesehen wird. Im Zierpflanzenhandel in zahlreichen hübschen Spielformen mit meist purpur oder olivgrün gefärbten Blättern erhältlich.

Vermehrung Durch Abtrennen der bewurzelten Ausläufer.

Geeignete Partner Kriechender Günsel *(Ajuga reptans)*, Mausohr-Habichtskraut *(Hieracium pilosella)*, Teppich-Lobelie *(Lobelia pedunculata)*, Pfennigkraut *(Lysimachia nummularia)*, Stängellose Primel *(Primula vulgaris)*, Wiesen-Veilchen *(Viola hirta)*.

Nutzen

Boden: Klee sammelt in Wurzelknöllchen Stickstoff aus der Luft und reichert damit den Boden an.
Wildtiere: Auf Schmetterlingsblütler wie den Klee sind unter anderem die Grobpunktierte Kleesandbiene *(Andrena wilkella)*, die Große Harzbiene *(Anthidium byssinum)*, die Luzerne-Schwebebiene *(Melitturga clavicornis)*, die Dreizahn-Mauerbiene *(Osmia tridentata)* und die Langhornbienen *Eucera longicornis* und *E. nigrescens* angewiesen. Auch die Heide-Mörtelbiene *(Megachile ericetorum)* ist auf Hülsenfrüchtler spezialisiert. Raupen-Futterpflanze unter anderem für das Hornklee-Widderchen *(Zygaena lonicerae)* und den Wander-Gelbling *(Colias crocea)*. Klee nimmt eine Schlüsselstellung bei der Ernährung von Schwalbenschwanz, Goldener Acht, Tagpfauenauge, Distelfalter, Zitronenfalter, Kleinem Fuchs, Kleinem Perlmuttfalter, Schachbrett und mehreren anderen Schmetterlingsarten ein.

Weitere Arten:

Kriechender Klee
(Trifolium repens 'Isabella')

Kriechender Klee
(Trifolium repens 'Sweet Mike')

Arabischer Schneckenklee
(Medicago arabica)

Kriechender Klee – Zierformen

Trifolium repens
(Hülsenfrüchtler)

Blütezeit: Mai bis Oktober

Kleines Immergrün

Vinca minor
(Hundsgiftgewächs)

Blütezeit: April bis Mai, mit Nachblüten bis in den Herbst

Steckbrief 5–20 cm hohe Staude, am Grunde teilweise verholzt und sich über wurzelnde Bodentriebe ausbreitend. Blätter breit-lanzettlich bis eiförmig, ledrig, immergrün. Blüten hellblau, mit fünf gegen den Uhrzeigersinn gedrehten Kronblättern.

Standort & Boden Bevorzugt lockere, frische Laubhumusböden in absonniger bis schattiger Lage. Als Bodendecker besonders für Schattengärten, Tröge und halbschattige Gräber geeignet.

Eigenschaften Stadtklimafest, industriefest, empfindlich gegen Bodenverdichtung. Ein Rückschnitt nach der Blüte lässt die Pflanze noch kompakter werden. Giftig. 14 Pfl./m².

Kulturpflanze Heimische Art. In mehreren Sorten im Pflanzenhandel, so 'Anna' mit großen blauen Blüten, 'Atropurpurea' mit purpurvioletten Blüten oder 'Gertrude Jekyll' mit weißen Blüten.

Vermehrung Am einfachsten durch Abtrennen der bewurzelten Ausläufer. Auch Teilung und Stecklingsvermehrung sind möglich.

Geeignete Partner Echte Haselwurz *(Asarum europaeum)*, Waldmeister *(Galium odoratum)*, Großwurzel-Storchschnabel *(Geranium macrorrhizum)*, Efeu *(Hedera helix)*, Frühlings-Platterbse *(Lathyrus vernus)*, Großblütige Sternmiere *(Stellaria holostea)*, Knollen-Beinwell *(Symphytum tuberosum)*.

Weitere Arten:

Kleines Immergrün
(*Vinca minor* 'Atropurpurea')

Kleines Immergrün
(*Vinca minor* 'Aureovariegata')

Kleines Immergrün
(*Vinca minor* 'Gertrude Jekyll')

Nutzen

Arzneipflanze: Die Droge dient der Isolierung des Alkaloids Vincamin, das in Fertigpräparaten zur Behandlung von Stoffwechsel- und Durchblutungsstörungen des Gehirns, des Innenohrs und der Netzhaut Verwendung findet.

Wildtiere: Die Blüten nutzen Wildbienen, Hummeln, Tagfalter, Fliegen und Fransenflügler. Futterpflanze für die Raupen des Oleanderschwärmers *(Daphnis nerii)*.

Duft-Veilchen

Viola odorata

(Veilchengewächs)

Blütezeit: März bis April

Steckbrief 5–15 cm hohe, immergrüne Staude mit langen oberirdischen Ausläufern. Blattspreiten rundlich-nierenförmig, etwa so lang wie breit. Blüten duftend, Krone dunkelviolett, bei Sorten auch cremegelb oder rosa.

Standort & Boden Bevorzugt frische, humose Böden und absonnige bis halbschattige, warme Standorte. Eignet sich als Bodendecker besonders unter Laubgehölzen, als Beet- und Wegeinfassung und in moosreichen, extensiv genutzten Rasen.

Eigenschaften Verträgt eine ein- bis zweimalige Mahd im Jahr ab Juli. 18 Pfl./m².

Kulturpflanze Heimische Art, in zahlreichen Sorten im Pflanzenhandel, so 'Königin Charlotte' mit einer zweimaligen Blüte im Jahr oder 'Irish Elegance' mit zweifarbig blassorange-violetten Blüten.

Vermehrung Einfach durch Abtrennen der bewurzelten Ausläufer nach der Blüte. Vermehrung durch Ausläuferschnittlinge ist möglich. Aussaatvermehrung ist langwierig, Selbstaussaat kommt aber regelmäßig vor.

Geeignete Partner Mausohr-Habichtskraut *(Hieracium pilosella)*, Teppich-Lobelie *(Lobelia pedunculata)*, Pfennigkraut *(Lysimachia nummularia)*, Kriechendes Lippenmäulchen *(Mazus miquelii)*, Stängellose Primel *(Primula vulgaris)*, Faden-Ehrenpreis *(Veronica filiformis)*.

Nutzen

Wildgemüse: Verwendet werden vor allem die jungen Blätter und die Blüten. Sie schmecken mild. Die Blüten eignen sich unter anderem als Beigabe zu Fruchtsaft oder Essig und zur Herstellung von violettem Zucker oder kandierten Veilchenblüten.
Wildtiere: Raupen-Futterpflanze unter anderem für Feurigen Perlmuttfalter *(Argynnis adippe)*, Silberfleck-Perlmuttfalter *(Argynnis euphrosyne)* und Kaisermantel *(Argynnis paphia)*. Blütengäste sind vorrangig langrüsselige Hummeln und Schmetterlinge. Kurzrüsselige Hummeln begehen nicht selten Blüteneinbruch, um an den Nektar zu gelangen.

Weitere Arten:

Duft-Veilchen
(Viola odorata 'Irish Elegance')

Pfingst-Veilchen
(Viola sororia)

Wildes Stiefmütterchen
(Viola tricolor)

Steckbrief 5–15 cm hohe, langlebige Staude mit unterirdisch kriechenden Rhizomen und gelappten, grob kerbsägigen, immergrünen Blättern. Blüten gelb, ungefähr 1,5 cm im Durchmesser.

Name Der botanische Gattungsname und damit auch der deutsche Name ist zu Ehren des österreichischen Naturwissenschaftlers Franz Adam von Waldstein-Wartenberg (1759–1823) benannt. Mit Paul Kitaibel (1757–1817) reiste er durch Ungarn und trug viel zur Erforschung der ungarischen Flora bei.

Standort & Boden Bevorzugt frische, nährstoffreiche Böden und halbschattige, luftfeuchte Standorte. Als Bodendecker besonders für Schattengärten geeignet.

Eigenschaften Die Art sollte großflächig verwendet werden, weil andersartige Nachbarn nur schlecht toleriert werden. 14 Pfl./m².

Kulturpflanze Heimisch von Kärnten bis Ostsibirien und Japan mit einer 5000 km weiten Areallücke. Seit spätestens 1803 in gärtnerischer Kultur. In wenigen Sorten, so 'Kronstadt' mit großen Blüten und 'Lichtermeer' mit panaschierten Blättern.

Vermehrung Einfach durch Teilung im Frühjahr oder Herbst. Auch Vermehrung mittels Kopfstecklingen ist möglich. Vermehrt sich selbst über Ausläufer.

Geeignete Partner Kriechender Günsel *(Ajuga reptans)*, Astilbe *(Astilbe ×arendsii)*, Schaftdolde *(Hacquetia epipactis)*, Efeu *(Hedera helix)*, Schneerose *(Helleborus niger)*, Straußenfarn *(Matteuccia struthiopteris)*.

Nutzen

Boden: Durch die verzweigten Kriechsprosse festigt und schützt die Waldsteinie den Boden.
Wildtiere: Vor allem Käfer, Wildbienen und Schwebfliegen nutzen die Blüten als Nahrungsquelle.

Weitere Arten:

Nelkenwurz-Waldsteinie
(Waldsteinia geoides)

Sand-Fingerkraut
(Potentilla incana)

Frühlings-Fingerkraut
(Potentilla verna)

Dreiblättrige Waldsteinie

Waldsteinia ternata
(Rosengewächs)

Blütezeit: April bis Mai

Steckbrief Bis 1 m hoher, vieltriebiger, aufrechter, sommergrüner Kleinstrauch mit fein und kurz behaarten Trieben. Blätter 5–8 cm lang, ganzrandig oder unregelmäßig grob gezähnt, aromatisch duftend, oberseits glänzend grün, unterseits grauweiß behaart. Blüten je nach Sorte blau, rosa oder weiß, end- und achselständig.

Standort & Boden Liebt vollsonnige, geschützte Standorte und mäßig trockenen, kalkhaltigen Boden. Wird vor allem als Flächenbegrüner und Einfassungshecke genutzt, macht sich aber auch im Einzelstand oder in Trögen gut.

Eigenschaften Frühjahrspflanzung empfohlen, damit die Pflanze bis zum Winter Zeit zum Einwurzeln hat. Der Rückschnitt sollte im Frühling und tief passieren, weil sich die Blüten an den einjährigen Trieben bilden. 4 Pfl./m².

Kulturpflanze Kulturhybride aus den beiden ostasiatischen Arten Graue Bartblume *(Caryopteris incana)* und Mongolische Bartblume *(Caryopteris mongholica)*. Die Hybride ist um 1930 in West Clandon in England entstanden. Der Originalklon wurde zu Ehren des Züchters 'Arthur Simmonds' benannt und gilt als einer der schönsten und zugleich als der frosthärteste der Gattung. Die Blaue Bartblume wird in zahlreichen Sorten, alphabetisch von 'Arthur Simmonds' über 'Blauer Spatz' und 'Heavenly Blue' bis 'Worcester Gold', kultiviert.

Vermehrung Am einfachsten durch Kopfstecklinge im Frühling und Frühsommer oder durch Absenker.

Geeignete Partner Paukenschläger-Lauch *(Allium rosenbachianum)*, Bartgras (*Andropogon gerardii* 'Präriesommer'), Reitgras (*Calamagrostis ×acutiflora*), Fingerstrauch (*Dasiphora fruticosa*, Syn. *Potentilla fruticosa*), Blaustrahl-Wiesenhafer *(Helictotrichon sempervirens)*, Bodendeckerrose (*Rosa* 'The Fairy'), Pracht-Königskerze *(Verbascum speciosum)*.

Nutzen

Wildtiere: Wertvoller Pollen- und Nektarspender für Dunkle Erdhummel, Steinhummel, Gemeine Wespe, Honigbiene, Schmetterlinge usw.

Weitere Bartblumen-Sorten:

Blaue Bartblume
(*Caryopteris ×clandonensis* 'Blauer Spatz')

Blaue Bartblume
(*Caryopteris ×clandonensis* 'Pink Perfection')

Bunte Bartblume
(*Caryopteris ×clandonensis* 'Summer Sorbet')

Blaue Bartblume

Caryopteris ×clandonensis
(Lippenblütler)

Blütezeit: August bis September

Fünffinger-strauch

Dasiphora fruticosa
(Syn.: *Potentilla fruticosa*)
(Rosengewächs)

Blütezeit: Juni bis September

Steckbrief Je nach Sorte bis 1,5 m hoher, sommergrüner, sparrig verzweigter Strauch mit handförmig geteilten Blättern. Blättchen lanzettlich, 1–2 cm lang, mit nach unten gebogenen Rändern. Blüten je nach Sorte gelb, orange, rosa oder weiß, einzeln oder zu wenigen an beblätterten Trieben, im Ø 2–2,5 cm.

Standort & Boden Für jeden durchschnittlichen Gartenboden in sonniger Lage. Eignet sich als Flächenbegrüner oder Einfassungshecke, in der Sorte 'Goldteppich' auch als Bodendecker.

Eigenschaften Lichthungrig, stadtklimafest, hohes Ausschlagsvermögen. Ein regelmäßiger Rückschnitt im März oder Herbst verhindert ein etwaiges Verkahlen der Pflanzen, auch ein Verjüngungsschnitt wird vertragen. 5 Pfl./m².

Kulturpflanze Beheimatet ist die Art reliktär disjunkt in Irland, England, Schweden, dem Baltikum, den Südwestalpen, den südeuropäischen Gebirgen, im Ural, in Asien und Nordamerika. Um 1675 wurde sie an den Ufern des Flusses Tees in Nordengland gefunden und in gärtnerische Kultur genommen. Zunächst blieb der Fingerstrauch auf wenige Liebhabergärten beschränkt, ab der zweiten Hälfte des 18. Jahrhunderts fand er stärkere Verbreitung. Die Sortenvielfalt stieg entscheidend, als Reginald Farrer (1880–1920) im frühen 20. Jahrhundert orange blühende Pflanzen aus Westchina nach Europa brachte. Gegenwärtig in zahlreichen Sorten von alphabetisch 'Abbotswood' bis 'Yellow Giant' im Pflanzenhandel.

Vermehrung Durch Stecklinge im Juni.

Geeignete Partner Eberraute, Colakraut *(Artemisia abrotanum)*, Blaue Katzenminze (*Nepeta ×faassenii*), Blauraute *(Perovskia atriplicifolia)*, Bodendeckerrose (*Rosa* spec.), Sommer-Spiere (*Spiraea japonica* 'Goldflame').

Nutzen
Wildtiere: Durch die Dauerblüte eine wertvolle Insektenweide.

Weitere Arten:

Weißer Fünffingerstrauch
(*Dasiphora fruticosa* 'Abbotswood')

Rosa Fünffingerstrauch
(*Dasiphora fruticosa* 'Lovley Pink')

Oranger Fünffingerstrauch
(*Dasiphora fruticosa* 'Red Ace')

Pracht-Fetthenne

Hylotelephium spectabile
(Syn.: *Sedum spectabile*)
(Dickblattgewächs)

Blütezeit: August bis Oktober

Steckbrief 25–50 cm hohe, fleischige, sommergrüne Staude mit dicken, spindelförmigen Wurzeln und glatten Stängeln. Blätter blaugrün, breit-oval, buchtig, gezähnt. Blütenkrone rosa, in flach gewölbten, im Ø 10–20 cm breiten Ebensträußen.

Standort & Boden Für jeden normalen, eher trockenen Gartenboden in sonniger Lage. Geeignet als Flächenbegrüner vor allem in Staudenbeeten und als Wegeinfassung.

Eigenschaften Ein Rückschnitt sollte, wenn überhaupt, im Frühjahr geschehen. 8 Pfl./m².

Kulturpflanze Beheimatet in Korea und Nordostchina. Um das Jahr 1865 nach Frankreich gekommen, 1868 nach Deutschland. 1955 gelang dem deutschen Gärtner und Pflanzenzüchter Georg Arends die Hybride aus der Pracht-Fetthenne und der heimischen Purpur-Fetthenne *(Hylotelephium telephium)*, die als 'Herbstfreude' in den Handel gelangte und den Stellenwert der Gattung als Gartenstaude beträchtlich steigerte. Zahlreiche weitere Sorten finden sich im Pflanzenhandel, darunter 'Carl' mit leuchtend rosa Blüten, 'Brillant' mit großen rosafarbenen Blütendolden oder 'Frosty Morn' mit weiß panaschierten Blättern.

Vermehrung Am einfachsten durch Teilung im Frühjahr. Auch Aussaat sowie Vermehrung durch Risslinge und Blattstecklinge ist möglich.

Weitere Arten:

Pracht-Fetthenne
(*Hylotelephium spectabile* 'Brillant'), Blätter

Pracht-Fetthenne
(*Hylotelephium spectabile* 'Stardust')

Purpur-Fetthenne
(*Hylotelephium telephium* 'Matrona')

Geeignete Partner Blauzungen-Lauch *(Allium karataviense)*, Palisaden-Wolfsmilch *(Euphorbia characias)*, Bleicher Schwingel *(Festuca pallens)*, Blaustrahl-Wiesenhafer *(Helictotrichon sempervirens)*, Echter Lavendel *(Lavandula angustifolia)*, Blauraute *(Perovskia abrotanoides)*.

Nutzen

Wildgemuse: Junge Triebe und Blätter schmecken wässrig, können aber zu Salat oder Smoothies gemischt werden.

Arzneipflanze: In der Volksheilkunde werden die frischen Blätter und der Presssaft daraus als wundheilendes und blutstillendes Mittel bei Verletzungen, Schwellungen und Hautausschlägen eingesetzt.

Wildtiere: Wertvolle herbstliche Insektenweide.

Winter-Jasmin

Jasminum nudiflorum
(Ölbaumgewächs)

Blütezeit: Januar bis März

Steckbrief 1–2 m hoher, sommergrüner Strauch mit grünen, vierkantigen, bogig überhängenden Zweigen. Blätter gegenständig, dreizählig, Blättchen breit-lanzettlich. Blüten einzeln, seitenständig, 1,5–3 cm im Ø, vor den Blättern erscheinend. Krone gelb, stieltellerförmig mit langer, schlanker, oben erweiterter Röhre und 4- bis 6-teiligem, ausgebreitetem Saum. Frucht ist eine zweiteilige Beere.

Standort & Boden Für jeden durchschnittlichen, gerne nährstoffreichen und kalkhaltigen Boden in sonniger bis halbschattiger, möglichst geschützter Lage. Geeignet als Flächenbegrüner vor allem für Böschungen und als Hangfestiger. Unkrautvlies ist dabei ratsam, weil die Pflanze nicht unkrautdicht abdeckt. Kommt außerdem als Kletterpflanze und für Tröge infrage.

Eigenschaften Stadtklimafest, rauchhart, windfest, hitzeverträglich, giftig. Ein regelmäßiger Schnitt ist nicht notwendig, lediglich wenn die Pflanze blühfaul wird oder einzelne Triebe zu sehr abstehen, sollte gleich nach der Blüte geschnitten werden. 2,5 Pfl./m² als Flächenbegrüner, 1 Pfl./lfm als Kletterpflanze.

Kulturpflanze Beheimatet in Zentralchina. Der schottische Gärtner und Forschungsreisende Robert Fortune (1812–1880) fand die Pflanze 1844 in einer Gärtnerei bei Suzhou in Kultur und schickte sie nach Europa, wo sie bald Gefallen fand und eine stete Ausbreitung erfuhr. Die Art ist eine von nur wenigen im Winter und Vorfrühling blühenden

Weitere Arten:

Rosa Jasmin
(Jasminum beesianum)

Strauch-Jasmin
(Jasminum fruticans)

Echter Jasmin
(Jasminum officinale)

Gehölzen und daher im heimischen Pflanzenhandel oft zu finden. Selten hingegen ist die Sorte 'Mystique' mit weiß panaschierten Blättern und in Mitteleuropa kaum zufriedenstellender Winterhärte.

Vermehrung Durch Ableger und Absenker. Dabei die Triebe in der Erde befestigen und diese, sobald sie Wurzeln ausgebildet haben, von der Mutterpflanze abtrennen.

Nutzen
Wildtiere: Als Vorfrühlingsblüher wertvoll für Insekten.

Garten-Silberblatt

Lunaria annua
(Kreuzblütler)

Blütezeit: April bis Mai, oft mit einer Nachblüte im Herbst

Steckbrief 40–80 cm hohe Staude, die entgegen ihrem botanischen Artnamen nicht einjährig, sondern zwei- bis mehrjährig ist. Blätter gestielt, untere Blätter groß, herzförmig, unregelmäßig gezähnt. Blüten abends fliederartig duftend. Kronblätter purpurn, violett, rosa oder weiß, 12–20 mm lang. Frucht eiförmig, durchscheinend.

Standort & Boden Bevorzugt frische, nährstoffreiche Böden und halbschattige Standorte. Als Flächenbegrüner besonders für naturnahe Gärten und großflächige Parkanlagen geeignet. Als Nachtdufter ideal für Gartenplätze, an denen man abends gerne zusammensitzt.

Eigenschaften Hoher Ausbreitungsdrang. 6 Pfl./m².

Kulturpflanze Die Gartenkultur der südosteuropäischen Art ist in Mitteleuropa seit dem 16. Jahrhundert belegt. 1561 beschrieb sie Conrad Gessner als Erster unter dem Namen „Lunaria", und Ende des 16. Jahrhunderts war sie im Gebiet bereits weit verbreitet. Anfang des 17. Jahrhunderts erscheint im Schrifttum erstmals die weiß blühende Form, sonst blieb die Art züchterisch weitgehend unbeeinflusst. 'Alba Variegata' hat weiße Blüten und weiße Blattränder. Die trockenen Fruchtstände werden gerne in der Floristik verwendet.

Vermehrung Initialpflanzen kaufen oder im Herbst ansäen, die weitere Vermehrung erfolgt über Selbstaussaat.

Spielform

Weiß blühende Form

Frucht

Geeignete Partner Große Sterndolde *(Astrantia major)*, Kaukasusvergissmeinnicht *(Brunnera macrophylla)*, Breitblättrige Glockenblume *(Campanula latifolia)*, Wegerich-Gamswurz *(Doronicum plantagineum)*, Echter Wurmfarn *(Dryopteris filix-mas)*, Wald-Storchschnabel *(Geranium sylvaticum)*, Wald-Vergissmeinnicht *(Myosotis sylvatica)*.

Nutzen

Wildtiere: Futterpflanze für Raupen unter anderem von Grünader-Weißling *(Pieris napi)* und Aurorafalter *(Anthocharis cardamines)*. Auf Kreuzblütler wie die Mondviole beschränken sich unter anderem die Zweizellige Sandbiene *(Andrena lagopus)* und die Kurzhorn-Mauerbiene *(Osmia brevicornis)*.

Steckbrief 1–2,5 m hohe, Horste bildende Staude mit 40–100 cm langen und 0,5–2,5 cm breiten Blättern. Blütenstand fächerförmig mit zahlreichen schmalen, 15–30 cm langen Trauben. Blütenährchen am Grund lang behaart. Deckspelzen der oberen Blüten mit 6–12 mm langer Granne.

Standort & Boden Für jeden normalen Gartenboden in sonniger Lage. Die Art eignet sich u. a. als Flächenbegrüner in öffentlichen Anlagen. Im richtigen Abstand gepflanzt, erwecken solche Pflanzungen auf Böschungen den Eindruck eines natürlichen Wellengangs, der bei Wind verstärkt wird.

Eigenschaften Empfehlenswerter Pflanztermin ist der April. Das Teilen des Wurzelstocks nach zehn bis zwölf Jahren bewirkt eine Lebensverlängerung. 3 Pfl./m².

Kulturpflanze Ostasiatische Art, 1875 erstmals nach Europa gekommen, 1882 als neue Zierpflanze genannt. Als Gartenstaude endgültig durchsetzen konnte sich das Chinaschilf ab Mitte des 20. Jahrhunderts, und heute findet es sich in zahlreichen Sorten von alphabetisch 'Adagio' bis 'Zwergzebra' im Pflanzenhandel. Da es sich bei *Miscanthus sinensis* um eine wichtige Zierstaude für den Gartenbau handelt, wurden an der Zürcher Hochschule für Angewandte Wissenschaften ZHAW in Wädenswil von 2014 bis 2019 Versuche über die Ausbreitungsfreudigkeit der Sorten durchgeführt. 27 Sorten standen im Test, davon fielen folgende insofern positiv auf, als dass sie sich nicht generativ vermehrten: 'Cosmopolitan' reift nicht aus, 'Giganteus' reift aus, Samen aber steril, 'Gold Bar' hat keine Blüten, 'Gracillimus', 'Morning Light', 'Strictus', 'Variegatus' und 'Zebrinus' blühen spät und reifen nicht aus. Sterile Sorten sind 'My Fair Maiden', 'Bandwith' und 'Scout', die bisher aber erst in den USA genutzt werden, wo der Ausbreitungsdrang von *Miscanthus sinensis* problematisch ist.

Vermehrung Erfolgt am besten durch Teilung im Frühjahr, sodass der Pflanze genügend Zeit bleibt, ausreichend Rhizome mit Überwinterungsknospen zu bilden.

Geeignete Partner Pracht-Fetthenne *(Hylotelephium spectabile)*, Sonnenhut *(Rudbeckia fulgida)*, Glattblatt-Aster *(Symphyotrichum novi-belgii)*.

Nutzen

Boden: Das dichte Wurzelwerk festigt und schützt das Erdreich.

Weitere Sorten:

Echtes Chinaschilf
(*Miscanthus sinensis* 'Strictus')

Echtes Chinaschilf
(*Miscanthus sinensis* 'Variegatus')

Echtes Chinaschilf
(*Miscanthus sinensis* 'Zebrinus')

Echtes Chinaschilf

Miscanthus sinensis
(Süßgras)

Blütezeit: August bis Oktober

Steckbrief 40–100 cm hohe, horstbildende Staude mit 30–80 cm langen und 0,4–1 cm breiten Blättern, die sich im Herbst gelb färben. Blüten am Ende der Halme in 5–25 cm langen Scheinähren mit dicht gedrängten Ährchen, in ihrer borstig-fedrigen Form an Lampenputzerbürsten erinnernd.

Name Der im Pflanzenhandel verwendete Name *Pennisetum alopecuroides* ist botanisch gesehen falsch, da neuere phylogenomische Untersuchungen zeigen, dass sich die Gattungen *Pennisetum* und *Cenchrus* nicht trennen lassen. Wissenschaftlich korrekt ist *Cenchrus purpurascens*, doch findet sich die Pflanze im Handel fast ausschließlich als *Pennisetum alopecuroides*.

Standort & Boden Bevorzugt frische, nährstoffreiche Böden und warme, vollsonnige, windgeschützte Standorte. Eignet sich als Flächenbegrüner in Kombination mit niederen Pflanzen, damit der hübsche Habitus der Pflanze gut zur Geltung kommt.

Eigenschaften Treibt spät im Jahr aus, der Rückschnitt sollte im Frühjahr erfolgen. Eine Teilung der Stöcke alle paar Jahre erhält ihre Blühfreudigkeit. Die Blühtriebe sind als Schnittblumen verwendbar. 3 Pfl./m².

Kulturpflanze Das Lampenputzergras ist heute aus der heimischen Gartengestaltung kaum mehr wegzudecken. Es ist eine südostasiatisch-australische Art, die 1824 erstmals in Europa kultiviert wurde, sich aber erst in den letzten Jahrzehnten als Gartenstaude durchgesetzt hat. Als Ziergras wird es in zahlreichen Sorten, alphabetisch von 'Black Beauty' bis 'Weserbergland' kultiviert. Die im deutschsprachigen Raum am meisten verwendete Sorte ist die

Weitere Arten:

Echtes Lampenputzergras
(*Pennisetum alopecuroides* 'Hameln')

Östliches Lampenputzergras
(*Pennisetum orientale*)

Rotes Lampenputzergras
(*Pennisetum setaceum* 'Rubrum')

Echtes Lampenputzergras

Pennisetum alopecuroides
(Süßgras)

Blütezeit: Juli bis September

kompakt wachsende 'Hameln', die bereits im Frühsommer blüht. 'Little Bunny', eine Samlingsauslese von 'Hameln', ist mit etwa 30 cm Höhe der Zwerg unter den Lampenputzern. 'Cassian' ist eine Auslese mit elfenbeinfarbenen Blütenständen und auffallender Laubfärbung im Herbst; die Sorte ist nach Cassian Schmidt benannt, dem ehemaligen Leiter des Sichtungsgartens Hermannshof. 'Moudry' zeigt einen interessanten Violettton in ihren Blütenähren.

Vermehrung Durch Samen vermehrte Pflanzen von Sorten haben meist ein gänzlich anderes, „zerrupfteres" Aussehen als die Elternpflanzen, daher müssen Sorten vegetativ durch Teilung vermehrt werden; noch einfacher ist es, sie im Gartenhandel zu kaufen.

Geeignete Partner Sternkugellauch *(Allium christophii)*, Prachtkerze *(Gaura lindheimeri)*, Rozanne-Storchschnabel (*Geranium* 'Rozanne'), Pracht-Fetthenne *(Hylotelephium spectabile)*, Blaue Katzenminze (*Nepeta ×faassenii*), Steppen-Salbei *(Salvia nemorosa)*, Glattblatt-Herbstaster *(Symphyotrichum novi-belgii)*.

Nutzen
Wildtiere: Kleinsäuger nutzen die Horste als Winterquartier.

Steckbrief Bis 1 m hoher, aufrechter, wenig verzweigter, sommergrüner Strauch mit lanzettlichen, gelbgrünen, im Austrieb rotgelben Blättern. Blüten rosa, 4–6 mm breit, in 4–9 cm breiten, flachen Trugdolden endständig an den diesjährigen Trieben.

Standort & Boden Für jeden durchschnittlichen Gartenboden in sonniger bis absonniger Lage.
Als Flächenbegrüner besonders für Böschungen, öffentliche Grünanlagen und als Einfassungshecke geeignet.

Eigenschaften Ein Rückschnitt im März fördert die Blüte und Kompaktheit der Pflanze. Sie blüht am diesjährigen Holz. 7 Pfl./m².

Kulturpflanze 1843 traf die ostasiatische *Spiraea japonica* in Leiden ein, 1847 war sie in Weimar und 1858 in Potsdam vorhanden. Es entstanden zahlreiche Sorten wie 'Anthony Waterer', die um 1875 als Sprossmutation in London gefunden wurde, 'Little Princess' (1964), 'Shirobana' (vor 1963) oder die beschriebene 'Goldflame' (1960). Gärtnerisch wird die Art meist unter der synonymen Benennung *Spiraea bumalda* geführt.

Vermehrung Am einfachsten durch Stecklinge im Sommer.

Geeignete Partner Niederer Maiblumenstrauch (*Deutzia gracilis*), Rozanne-Storchschnabel (*Geranium* 'Rozanne'), Pracht-Fetthenne (*Hylotelephium spectabile*), Echter Lavendel (*Lavandula angustifolia*), Blauraute (*Perovskia abrotanoides*), Teppich-Phlox (*Phlox subulata*), Bodendeckerrose (*Rosa* 'The Fairy').

Nutzen
Wildtiere: Sommerliche Nahrungsquelle für verschiedenste Insekten.

Weitere Arten:

Braut-Spiere
(*Spiraea* ×*arguta*)

Sommer-Spiere
(*Spiraea japonica* 'Zigeunerblut')

Belgische Spiere
(*Spiraea* ×*vanhouttei*)

Gold-Spiere

Spiraea japonica 'Goldflame'
(Rosengewächs)

Blütezeit: Juni bis August

Bezugsquellen für seltener gehandelte Pflanzen (Auswahl)

Deutschland

Aromagärtnerei Deaflora, Dr.-Wolff-Str. 6, 14542 Werder/Havel OT Glindow, www.deaflora.de

Baumschule Horstmann, Schäferkoppel 3, 25560 Schenefeld (Mittelholstein), www.baumschule-horstmann.de

Bingenheimer Saatgut, Kronstr. 24, 61209 Echzell-Bingenheim, www.bingenheimersaatgut.de (Saatgut, Zwiebeln)

Bioland-Gärtnerei Strickler, Lochgasse 1, 55232 Alzey, www.gaertnerei-strickler.de (Stauden, alte Gemüsesorten)

bio-saatgut Gaby Krautkrämer, Weingartenstr. 58, 97252 Frickenhausen am Main, www.bio-saatgut.de (breites Angebot an biologischem Saatgut)

Blauetikett-Bornträger, In den Aspen 1, 67591 Offstein, www.blauetikett.de (Saatgut, Stauden, Sträucher, Obstsorten)

Blumenschule, Augsburger Str. 62, 86956 Schongau, www.blumenschule.de (Saatgut, Stauden)

Dreschflegel Bio-Saatgut, In der Aue 31, 37213 Witzenhausen, www.dreschflegel-saatgut.de (breites Angebot an biologischem Saatgut)

grünerTiger, Fallerstr. 18, 82433 Bad Kohlgrub, www.gruenertiger.de (breites Angebot an Gemüsesorten, Blumenzwiebeln)

Hof Berg-Garten, Lindenweg 17, 79737 Herrischried, www.hof-berggarten.de (Samen, Zwiebeln, Kräuter, Wildstauden)

Kräuterei, Alexanderstr. 29, 26121 Oldenburg, www.kraeuterei-oldenburg.de (Stauden)

natura-samen, Pollweinstr. 15, 97688 Bad Kissingen, www.natura-samen.de (Samen und Samenmischungen ausschließlich heimischer Pflanzenarten)

Rieger-Hofmann GmbH, In den Wildblumen 7–13, 74572 Blaufelden-Raboldshausen, www.rieger-hofmann.de (Samen und Samenmischungen ausschließlich heimischer Pflanzen)

Samenfest, Erica-Sinauer-Str. 10, 79111 Freiburg, www.samenfest.de (biologisches Saatgut aus der Region Breisgau)

Sperli GmbH, Freckenhorster Str. 32, 48351 Everswinkel, www.sperli.de (Saatgut)

Staudengärtnerei Gaißmayer Jungviehweide 3, 89257 Illertissen, www.gaissmayer.de (breites Angebot an Stauden)

Syringa Kräutergärtnerei, Untere Gräben 1, 78247 Hilzingen, www.syringa-pflanzen.de (breites Angebot an Saatgut)

Österreich

Der Staudengärtner, Gärtnerei & Baumschule Evi Schmidt, Kiesweg, 6842 Koblach, www.der-staudengaertner.at (Wildstauden und Saatgut)

ReinSaat, 3572 St. Leonhard am Hornerwald 69, www.reinsaat.at (Wildblumensaatgut, Gemüsesamen, Blumenzwiebeln)

Sarastro Stauden, Kammer 42, 4981 Reichersberg, www.sarastro-stauden.com

Voitsauer Wildblumensamen, Voitsau 8, 3623 Kottes-Purk, www.wildblumensaatgut.at (Samen heimischer Wildpflanzen)

Wildpflanzen-Gärtnerei Rössler, Unterstetten 29, Tollet, 4715 Taufkirchen/Trattnach, www.wildrosen.at (Wildstauden und Wildgehölze)

Schweiz

BioTerra, Scheideggstrasse 73, 8038 Zürich, www.bioterra.ch (Pflanzen und Samen)

Botanik Sämereien, Seestrasse 151, 8820 Wädenswil, www.saemereien.ch (breites Angebot an Samen)

Rusterholz Baumschulen AG, Alte Landstrasse 78, 8942 Oberrieden, www.pflanzenverkauf.ch (heimische Gehölze)

Sativa Rheinau AG, Chorbstrasse 43, 8462 Rheinau, www.sativa-rheinau.ch (breites Angebot an biologischem Saat- und Pflanzgut)

Zollinger Bio, Route de la Praille 20, 1897 Les Evouettes, www.zollinger-samen.ch (breites Angebot an biologischem Saatgut)

Literatur

Bärtels A. & Schmidt P. A.: *Enzyklopädie der Gartengehölze.* Ulmer, Stuttgart, 2014

Beck A.: *Steingärten und Trockenmauern.* Kosmos, Stuttgart, 2013

Brier C.: *Flinke Bodendecker: Flächenfüller für jeden Gartenstandort.* Gräfe und Unzer, 2018

Gamerith W.: *Tiere im naturnahen Garten.* Österr. Agrarverlag, Wien, 2006

Gardner D.: *Besser Gärtnern – Clematis & andere Kletterpflanzen.* Dorling Kindersley, 2007

Griebl N.: *Gärtnern im Klimawandel – 100 robuste Pflanzen für den langlebigen Garten.* Haupt, Bern, 2022

Griebl N.: *Mein ungezähmter Garten – Die 100 besten heimischen Pflanzen zum Verwildern.* Haupt, Bern, 2017

Griebl N.: *Naturnah gärtnern – Die 140 wertvollsten Pflanzen für den Naturgarten.* Haupt, Bern, 2015

Hintermeier H. & M.: *Schmetterlinge im Garten und in der Landschaft.* Obst- und Gartenbauverlag, München, 2005

Jelitto L. & al.: *Die Freiland-Schmuckstauden – Handbuch und Lexikon der winterharten Gartenstauden,* Ulmer, Stuttgart, 1990

Kawollek W. & M.: *Alles über Pflanzenvermehrung – Methoden, Praxis, Handgriffe.* Ulmer, Stuttgart, 2008

Witt R.: *Nachhaltige Pflanzungen und Ansaaten – Kräuter, Stauden und Sträucher.* NaturGarten, Ottenhofen, 2012

Kleinod B. & Schneevoigt M.: *Grüne Wände für Haus und Garten: Attraktive Lebensräume mit Kletterpflanzen. Planen, Bauen, Bepflanzen.* pala, Darmstadt, 2014

Witt R.: Nachhaltige Pflanzungen und Ansaaten. Kräuter, Stauden und Sträucher, NaturGarten, Ottenhofen, 2012

Bildnachweis

Alle Fotos stammen von **Norbert Griebl**, mit Ausnahme von:

Umschlagabbildungen
vorne: Sabine Hortebusch/iStock
Klappe vorne: Blickwinkel/F. Hecker
hinten: Solid photos/AdobeStock

Inhalt
S. 2: Blickwinkel/H. Schmidbauer
S. 10: Dennis Jarvis/flickr (CC BY-SA 2.0)
S. 15: Maja Dumat/flickr (CC BY-SA 2.0)
S. 16: progarten/AdobeStock
S. 18 Mitte: Ph.Stephan/Fotolia
S. 18 rechts: Miyuki Satake/Fotolia
S. 20–21 oben: 2xwilfinger/AdobeStock
S. 30 rechts unten: Gertrud Tritthart
S. 32–33 oben: Leonora (Ellie) Enking/flickr (CC BY-SA 2.0)
S. 38 Mitte: Michael Hassler
S. 60–61 oben: Aggi Schmid/AdobeStock
S. 224 (Illustration): Huza Studio/shutterstock

Register

Das vorliegende Buch wurde sorgfältig erarbeitet und wir gehen davon aus, dass alle im Buch beschriebenen Angaben und Empfehlungen richtig sind. Dennoch erfolgen alle Angaben ohne Gewähr. Weder der Autor noch der Verlag können für eventuelle Nachteile oder Schäden, die aus den im Buch vorgestellten Informationen resultieren, eine Haftung übernehmen.

1. Auflage: 2024

ISBN 978-3-258-08351-3

Umschlaggestaltung, Layout und Satz: Roman Bold & Black, D-Köln
Lektorat: Franz Leipold, D-Violau
Fotos: © Norbert Griebl, Ausnahmen siehe S. 221

Umschlagabbildungen:
vorne: Sabine Hortebusch/iStock
hinten: Solid photos/AdobeStock
Klappe vorne: Blickwinkel/F. Hecker

Wir verwenden FSC®-zertifiziertes Papier. FSC® sichert die Nutzung der Wälder gemäß sozialen, ökonomischen und ökologischen Kriterien.
Gedruckt in der Tschechischen Republik

Diese Publikation ist in der Deutschen Nationalbibliografie verzeichnet.
Mehr Informationen dazu finden Sie unter http://dnb.dnb.de.

Der Haupt Verlag wird vom Bundesamt für Kultur für die Jahre 2021–2024 unterstützt.

Sie möchten nichts mehr verpassen?

Folgen Sie uns auf unseren Social-Media-Kanälen und bleiben Sie via Newsletter auf dem neuesten Stand.

www.haupt.ch/informiert

Wir verlegen mit Freude und großem Engagement unsere Bücher. Daher freuen wir uns immer über Anregungen zum Programm und schätzen Hinweise auf Fehler im Buch, sollten uns welche unterlaufen sein.